A. DEBAINS

LES MACHINES AGRICOLES SUR LE TERRAIN

PARIS

SOCIÉTÉ D'ÉDITIONS SCIENTIFIQUES

4, Rue Antoine Dubois, 4

1893

INSTRUCTIONS PRATIQUES

SUR L'UTILITÉ ET L'EMPLOI

des Machines Agricoles sur le Terrain

PAR

A. DEBAINS

Ingénieur des Arts et Manufactures
Professeur de Génie rural à l'École Nationale d'Agriculture
de Grand-Jouan

Ouvrage contenant 70 figures explicatives
dans le texte
et 27 dessins de Machines agricoles
en Appendice

A Monsieur Eugène TISSERAND,

Conseiller d'État,

Directeur de l'Agriculture.

Monsieur le Directeur,

Vous m'avez souvent exprimé le regret de ne pas trouver, dans les ouvrages qui traitent de la Mécanique agricole, des renseignements pratiques sur la manière de se servir des instruments sur le terrain. Dans ce Traité, j'ai cherché à combler cette lacune. Si, après y avoir jeté un coup d'œil, vous pensez que j'ai en partie atteint le but que je me proposais, j'estimerai que je n'ai pas perdu mon temps, et fait une œuvre utile à l'Agriculture.

Veuillez agréer, Monsieur le Directeur, l'assurance de mon respectueux dévouement.

A. DEBAINS

AVANT PROPOS

La plus grande difficulté que l'on rencontre dans la publication d'un ouvrage où l'on traite des Machines agricoles, réside dans la nécessité de compléter les descriptions de ces machines par des planches explicatives.

Ce livre ayant surtout pour but d'indiquer les règles, qui doivent guider l'Agriculteur dans l'appréciation du fonctionnement d'un instrument sur le terrain, il m'a été possible de simplifier beaucoup les dessins, et de les réduire à de simples schémas explicatifs. Ces schémas n'ont donc d'autre but que de permettre à l'Agriculteur de connaître les principes sur lesquels on doit s'appuyer pour se rendre compte du travail d'un outil.

Enfin, j'insiste sur ce point, que les appareils décrits, en totalité ou en partie, ne servant qu'à expliquer le genre de travail qu'ils doivent exécuter, l'auteur de cet ouvrage n'ayant pas pris à tâche de faire l'historique des instruments couramment employés en agriculture, mais seulement d'indiquer d'une manière générale le meilleur moyen d'utiliser les instruments sur le terrain.

C'est assez faire connaître aux constructeurs français et étrangers, que je ne ferai pas la description de toutes les machines, même de celles qui sont fort employées, les instruments cités ne l'étant qu'à titre d'exemples, permettant d'apprécier le travail que l'on est en droit d'exiger d'eux pour l'exécution des différentes opérations culturales.

DIVISIONS DE L'OUVRAGE

Pour bien faire comprendre l'utilité et l'emploi des différents instruments qui servent à effectuer les travaux agricoles sur le terrain, il m'a paru rationnel d'en faire l'étude en suivant l'ordre de l'utilisation des outils dans les travaux des champs, ce qui m'amène à diviser cet ouvrage en quatre parties.

I. Instruments destinés à la préparation mécanique du sol (charrues, herses, rouleaux);

II. Appareils chargés de répartir les engrais sur le terrain, de confier régulièrement les semences au sol et de protéger les jeunes plantes contre les herbes parasites (distributeurs d'engrais, semoirs, houes à cheval);

III. Outillage servant à la récolte des fourrages et des céréales (faucheuses, faneuses, rateaux à cheval, moissonneuses);

IV. Appareils pour la récolte des racines et des tubercules (arracheuses de betteraves, de pommes de terre, etc).

Ce premier volume ne pourra guère traiter que des instruments destinés à la préparation mécanique du sol.

PREMIÈRE PARTIE

Chapitre I. — Charrue

La charrue est le premier outil employé dans les travaux agricoles; elle doit déchirer le sol à une certaine profondeur et ramener à la surface, pour les aérer et les diviser, les molécules de terre qui s'y trouvaient enfouies et tassées. Evidemment la meilleure charrue est celle qui, effectuant ces travaux de la manière la plus parfaite et la plus appropriée aux terres où elle fonctionne, les produit dans les conditions économiques les meilleures.

Il n'entre pas dans les limites de cet ouvrage d'indiquer les progrès réalisés dans la construction des charrues, depuis les charrues primitives employées autrefois, jusqu'aux outils les plus perfectionnés dont on se sert aujourd'hui ; mais pour bien se rendre compte du travail que doit exécuter la charrue dans la préparation du sol, il est indispensable, avant d'entrer dans la description de tel ou tel instrument, d'étudier séparément les principales parties de la charrue afin de bien caractériser le rôle que doit remplir chacune d'elles.

Une bonne charrue comprend comme pièces essentielles à son fonctionnement : 1° le *Soc* a (fig. 1 et 2), destiné à couper la terre horizontalement ou sous un angle faible, avec le plan horizontal, à la profondeur qu'on veut donner au labour; 2° le *Versoir b*, qui soulève la terre coupée par le soc et la renverse sur la partie du champ déjà labourée ; 3° le *Sep c*, qui, s'appuyant sur le fond de la raie coupée par le soc, supporte le soc et le versoir, et les *Étançons d*, qui réunissent le sep à l'âge ; 4° l'*Age e*, placé au-dessus des étançons, qui portent toutes les pièces de la charrue ; 5° les *Mancherons L*, destinés à diriger la charrue et la *Chaîne de tirage i* ; 7° le *Régulateur de traction f* ; 7° le *Coutre g*, fixé sur l'âge qui coupe verticalement la terre devant la pointe du soc.

1° **Socs.** — Les socs sont en fonte, en fer ou en acier, Le soc en fonte est beaucoup moins employé aujourd'hui, après avoir eu beaucoup de vogue ; il se casse trop facilement sous l'influence d'un choc, surtout dans les terrains pierreux ; et une fois qu'il est un peu usé, ce qui arrive vite dans les terrains siliceux, il ne pénètre plus dans la terre et doit être abandonné. D'ailleurs le fer et l'acier sont aujourd'hui à si bas prix que l'on préfère employer ces matières, qui permettent de recharger les socs à la forge lorsqu'ils commencent à s'user. Les socs tout en fer tentent aussi à disparaître pour être remplacés par des socs en fer avec mises en acier, ou des socs tout en acier.

Les socs en fonte employés, par les Anglais surtout, peuvent affecter plusieurs formes distinctes : 1° tranchant triangulaire rectiligne très simple de construction (fig. 3) ; 2° tranchant concave à pointe aiguë qui pénètre très bien dans le sol (fig. 4), mais s'use vite et se casse facilement ; 3° tranchant convexe pénétrant plus diffici-

Charrue simple

Fig. 2

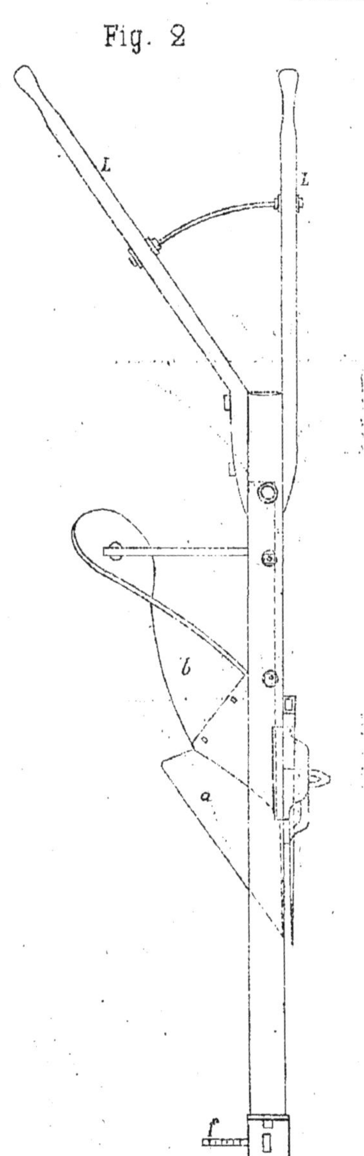

Fig. 1

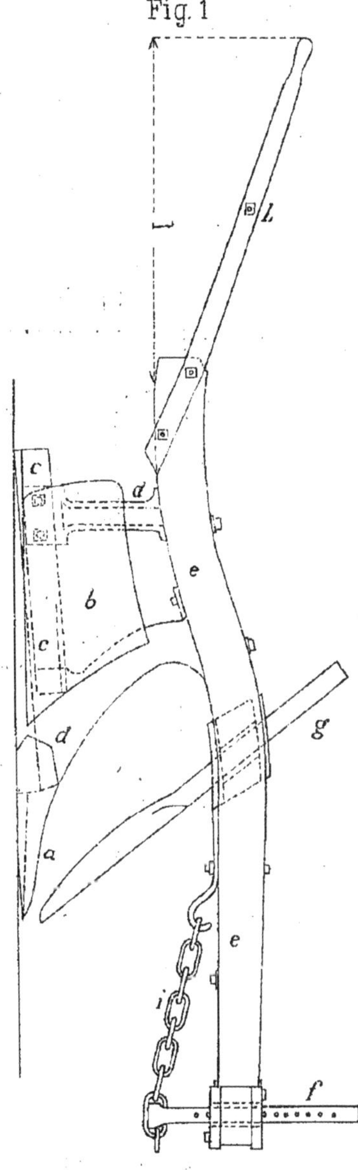

lement en terre, mais s'usant bien moins vite, et ramené par l'usure au tranchant rectiligne (fig. 5); on l'arme généralement d'une pointe, ce soc est surtout employé dans les terrains siliceux ; 4° enfin le soc peut avoir un tranchant curviligne, participant des socs concaves et convexes, dont la forme a été particulièrement étudiée par les Anglais (fig. 6).

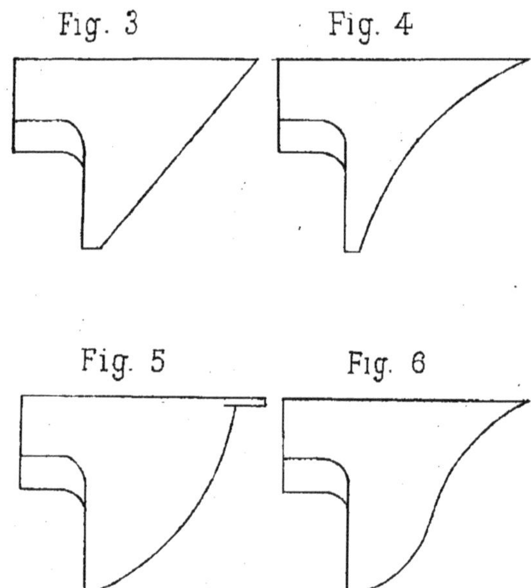

En France, les socs en fonte affectent généralement la forme trapézoïdale.

Les socs en fer ou en acier sont en forme de triangle ou de trapèze. Les socs triangulaires sont peu employés aujourd'hui, leur disposition est favorable à la pénétration, mais il est difficile de les fixer solidement sur le sep (fig. 7). On préfère maintenant les socs trapézoïdaux ;

ils sont plus faciles à fixer sur le sep, et l'usure se répartit d'une manière plus régulière (fig. 8). Ces socs portent souvent une pointe rapportée ou forgée (fig. 7), qui facilite la pénétration, mais cette pointe s'use vite et elle est difficile à souder; les maréchaux de village qui sont le plus souvent chargés de ce travail s'en acquittent mal, et la pointe rapportée casse à la soudure avant d'être usée. Je préfère, de beaucoup, à ces pointes soudées, les barres mobiles à section carrée ou rectangulaire, terminées en pointe, que l'on peut avancer à mesure que l'extrémité travaillante s'use. La fig. 10 indique la position d'une de ces pointes *pp* et son mode d'insertion sur le sep.

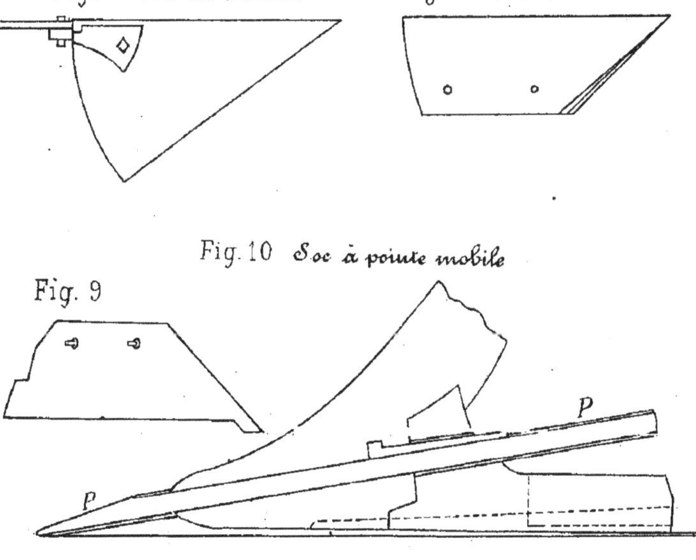

Le soc est maintenu sur le sep de différentes manières. Les socs en fontes des charrues anglaises sont munis, à l'arrière, d'une douille dans laquelle pénètre l'extrémité du sep ; le soc est fixé sur cette douille soit par une cheville, soit par une tige en fer F recourbée à l'extrémité comme dans la charrue Howard (fig. 11).

Les socs en fonte s'usant vite de la pointe ne pénètrent plus facilement dans le sol ; pour remédier à cet inconvénient, M. Howard place la douille du soc sur une partie du sep mobile S, présentant à l'arrière un arc de cercle *d* sur lequel il est fixé par une petite pièce dentée a au moyen d'un écrou (fig. 12, 13 et 14).

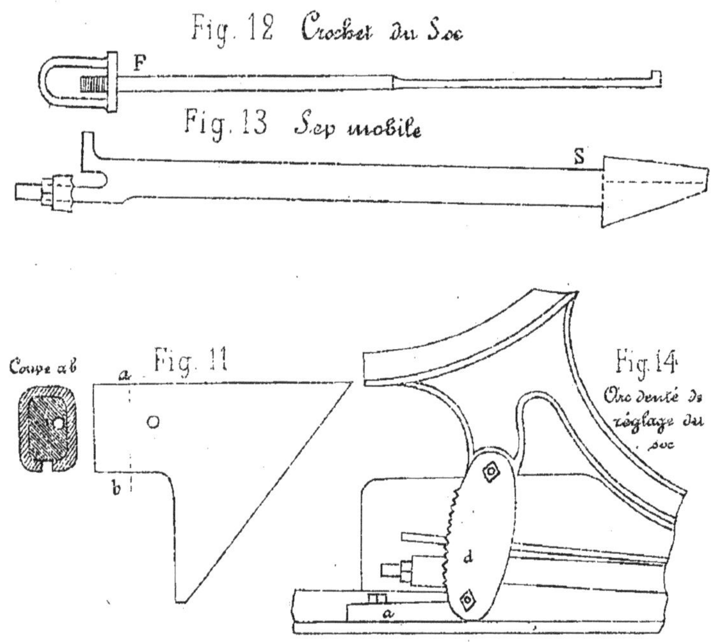

Mais ce système d'attache très rationnel, n'a pas été adopté par les constructeurs français, qui le trouvent trop compliqué, et, le plus souvent, les socs sont attachés au sep par des boulons ; ces boulons sont ordinairement à tête fraisée, logés dans un évidement pratiqué dans le soc ; ils sont munis d'ergots pour empêcher la tête de tourner quand on serre l'écrou qui est placé au-dessous du sep. Cet assemblage présente des inconvénients, les ergots s'usent ou leurs carres s'aplatissent ; le boulon tourne alors, lorsqu'on serre l'écrou ; ou bien on ne peut pas exactement placer l'ergot dans le vide laissé dans le soc pour le loger, et la tête fait épaisseur en dessus, augmentant la résistance et rendant plus difficile le nettoyage avec la curette.

Dans les charrues de Grignon, on a employé un écrou, noyé dans l'épaisseur du soc et serré par une clef spéciale munie de deux ergots, entrant dans des trous pratiqués dans l'écrou ; mais ces têtes s'usent vite, les trous se bouchent, et les clefs spéciales sont rapidement perdues par les charretiers. On a aussi préconisé la vis avec tête en dessous, pénétrant dans une partie filetée pratiquée dans l'épaisseur du soc. Ce système, appliqué par M. Fondeur à ses charrues, fonctionne très bien au début, mais la partie filetée dans l'intérieur du soc se détruit par la terre et la rouille, et on ne peut plus faire tenir la vis.

Le plus grand inconvénient de toutes ces attaches est de fixer sur le sep, le soc trop loin de son extrémité ; l'effort exercé sur la pointe du soc se transmet alors aux boulons d'attache par un grand bras de levier, et les boulons, sous l'effet de traction se cassent facilement, et, s'ils résistent, c'est la pointe du soc qui se tord.

Pour les socs trapèzoïdaux, le moyen de remédier à cet inconvénient et d'en soutenir la pointe (ce qui est surtout important dans les sols pierreux), consiste à rapporter une contreplaque, s'appuyant en dessous sur le sep, et en dessus sur le soc ; cette contreplaque vient supporter le soc et diminuer le porte à faux, mais cela nécessite l'emploi de fourrures en fer ou en cuir pour exhausser la partie inférieure du versoir et la faire affleurer avec le soc qui a été surélevé. Ces ruptures de boulons et torsions de pointes ne se produisent plus lorsqu'on emploie les barres mobiles (fig. 10).

Le règlement du soc est une chose très importante ; malheureusement, sauf dans les charrues Howard, ce règlement ne peut facilement être modifié sur le terrain. Tout bon soc ne doit travailler que du tranchant et de la pointe, afin d'empêcher l'adhérence de la terre du fond de la raie au-dessous du soc ; la pointe doit piquer un peu plus que le tranchant, et dépasser de quelques millimètres le plan formé par le bord vertical du talon, pour donner à la charrue une tendance à prendre de la raie. Cette disposition doit surtout être adoptée dans les araires, afin de leur donner plus de stabilité. Lorsque la charrue est munie d'un soc trapèzoïdal, et qu'on trouve sur le terrain la pointe trop usée, si l'on veut terminer le champ sans rapporter la pièce à la ferme, on peut au moyen de portions de lanière de cuir coupées en biseau avec un couteau ordinaire, incliner momentanément le soc vers la pointe, pour le faire plus piquer et contrebalancer l'usure.

La partie supérieure du soc est généralement une surface plane. Comme il est le commencement du versoir, certains constructeurs lui donnent, dans la partie opposée à la pointe, une forme courbe se rapportant avec celle du versoir ; mais cette disposition, excellente au point de vue de la diminution de résistance, le rend trop difficile à fabriquer, et par conséquent coûteux, ce qui est un inconvénient pour une pièce que l'on est appelé à remplacer souvent. On préfère généralement faire les socs moins larges et prolonger le versoir sur le sep.

2° **Versoir.** — Le soc aidé par le coutre, dont je parlerai plus loin, détache une bande de terre parallélipipédique, qu'il faut ensuite retourner et renverser sur la partie du champ déjà labouré. Ce travail est exécuté par le versoir qui est la partie de la charrue dont la forme a le plus d'influence sur la qualité du travail exécuté ; et la force dépensée pour en effectuer le renversement est d'autant plus considérable que la hauteur, où la terre doit être élevée au-dessus de sa position primitive, est plus grande. L'important est donc de chercher le système de versoir qui, pour une profondeur donnée et un retournement déterminé, élève à la plus faible hauteur le centre de gravité de la masse tranchée par le coutre et le soc.

Je n'entrerai pas ici dans une discussion complète de tous les éléments qui interviennent dans l'opération du retournement de la bande de terre. Ces éléments sont si nombreux et divers, composition chimique et physique de la terre, densité, cohésion, état hygrométrique, angle et coefficient de frottement etc., qu'il semble tout d'abord impossible de trouver une forme de versoir appropriée aux différentes natures de terre, même d'une seule exploitation. De là cette tendance à rechercher, par tâtonnement pour chaque terrain, le versoir le plus convenable à une charrue, et les théories, trop compliquées et trop peu faciles à saisir, émises par certains savants, n'ont pas peu engagé les constructeurs à ne s'appuyer sur aucune règle de la fabrication de leurs versoirs. La forme des versoirs varie avec les sols à travailler, mais ces variations peuvent découler de règles déterminées, auxquelles on a toujours intérêt à se rapporter.

La première théorie géométrique et rationnelle du versoir a été donnée par le président des Etats-Unis Jefferson-Davis. Le versoir de cet éminent agronome et homme d'Etat est engendré (fig. 15) à la sortie du soc, par une droite A B qui chemine en s'appuyant sur deux directrices, dont l'une C D est parallèle à la projection horizontale du plan vertical A N, formé par le tranchant du coutre, et placée dans le plan horizontal, à une distance de cette projection égale à la largeur de bande et l'autre directrice M A, une oblique partant de la partie supérieure du soc opposée à la pointe, et formant avec le plan horizontal, un angle qui doit varier avec la nature du labour, ladite droite génératrice restant constamment perpendiculaire à la première directrice horizontale. Dans ce système la génératrice devient verticale au moment où le retournement commence ; cette verticale est la ligne qui sépare la partie antérieure du versoir soulevant la terre, de la partie posté-

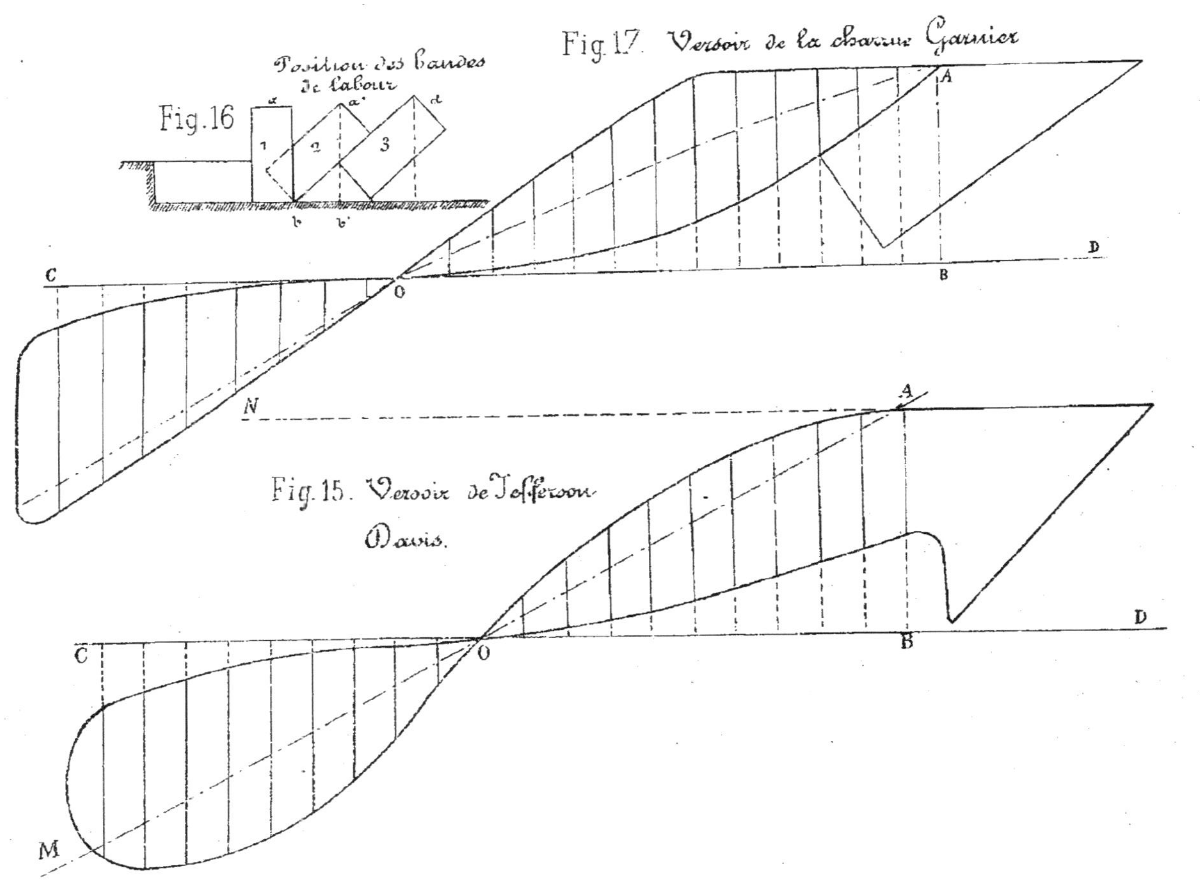

Fig. 16

Fig. 17. Versoir de la charrue Garnier

Fig. 15. Versoir de Jefferson Davis.

rieure qui la retourne, et la bande qui a pris les trois positions (1, 2, 3. fig. 16) tourne autour de *a b*, pour venir en a', de telle sorte que la verticale *a' b'* passe à droite du point de rotation *b'*. A ce moment la bande de terre n'étant plus en équilibre, abandonne le versoir, et tombe par son propre poids sur la bande précédente *c d*. J'indique la nécessité de cette condition, car dans certains versoirs la dernière génératrice dépasse *a' b'*, ce qui fait comprimer la bande de terre, et augmente beaucoup la traction.

Le marquis de Ridolfi ayant reconnu que, dans l'action du retournement, la terre subit une torsion, qui la rapproche de la forme d'une portion d'hélice, modifia la génération de Jefferson-Davis. Il prit toujours une droite génératrice et la fit s'appuyer sur deux directrices; la première dans le plan horizontal, était celle de Jefferson-Davis, la seconde n'était plus une droite, mais une hélice allongée tracée sur un cylindre, ayant pour axe la deuxième directrice du premier système. Cette génération présente cet avantage, à la partie arrière du versoir, de moins élever le centre de gravité de la masse; aussi certains constructeurs emploient-ils la génération de Jefferson-Davis, pour l'avant du versoir, et celle de Ridolfi pour l'arrière.

D'autres constructeurs, M. Garnier, de Redon (fig. 17) par exemple, prennent les deux directrices du système américain, et donnent une certaine courbure à la génératrice, courbure qui se modifie avec la nature des terres.

Enfin je dois terminer cette étude du versoir, en

indiquant la génération toute différente des théories de Jefferson et de Ridolfi, adoptée par M. Fondeur, qui en tenait les principes de M. de Valcourt. Ce versoir est engendré par une génératrice constamment horizontale, s'appuyant sur un quart de cercle, allant de l'âge à la pointe du soc, et sur la diagonale d'un cube dont les côtés sont horizontaux et verticaux, et dont le sommet est placé à la pointe du soc. Les sections de cette surface, par des plans verticaux perpendiculaires au sillon, ne sont pas des lignes droites, mais des courbes concaves du côté de la bande de terre. Si on analyse le travail des molécules de terre entraînées par ce versoir, on voit que la bande n'est pas tordue, mais que son centre de gravité est élevé jusqu'au point où, dépassant la verticale, il s'abaisse par l'action de la pesanteur. Il doit par conséquent fonctionner mieux dans les terres très divisées où chaque molécule tombe par son propre poids ; ce versoir travaillera aussi dans de bonnes conditions, si l'instrument, qui en est muni, est conduit à une vive allure, qui projette chaque parcelle de la masse par la vitesse acquise.

M. Hervé Mangon, dans son traité de *Génie rural*, indique un moyen de contrôler le travail des versoirs construits. Ce moyen consiste à établir en bois un versoir semblable à celui que l'on a étudié, et à le recouvrir d'une couche épaisse de peinture à l'huile et au vernis, qu'on fait bien sécher ; on le fixe à une monture de charrue, et on l'essaie dans le terrain auquel il est destiné. On note les points où la peinture est plus usée, et ceux où elle est un peu ou point attaquée. On retranche un peu de bois sur les premiers, on ajoute un peu de matière sur les seconds : on repeint le versoir et on recommence l'essai. Mais ce procédé ne donne pas des résultats absolument exacts, car le glissement de la terre sur la peinture et le bois, n'est pas le même que sur la fonte, le fer et l'acier. Une chose d'ailleurs vient modifier l'action des versoirs, c'est qu'en travail la bande au lieu de se retourner sans se briser, ce qui arriverait si la terre se déroulait en tire-bouchon continu, s'émiette et tombe irrégulièrement.

Le versoir peut varier dans le sens de la longueur, suivant la nature des terres, il peut être très court, pour les terres calcaires ou siliceuses, ou les sols pierreux. On l'allonge généralement, lorsque la charrue doit travailler dans des sols tenaces et argileux. Pour les terres très fortes ou collantes, on a proposé de disposer au dessus du versoir un réservoir plein d'eau, qui amène le liquide par une fente sur toute l'étendue du versoir. Ce système, ingénieux sans doute, complique trop un outil rustique comme la charrue. Enfin certains constructeurs font l'arrière du versoir à claire-voie pour émietter la terre. Je ne dis rien des disques mobiles essayés pour former versoir, et soi-disant pour favoriser le glissement ; au bout d'une raie, à peine, les disques s'encrassent et ne tournent plus.

3° **Sep et Etançons.** — Le sep est la pièce sur laquelle repose la charrue au fond de la raie ; il sert aussi de guide de direction dans la partie inférieure, et son action est d'autant plus grande pour maintenir la direction qu'il est plus long, et cette longueur donne de la stabilité à la charrue ; mais, d'un autre côté, si le sep est trop long, il rend, par sa stabilité même, les déviations plus difficiles et ôte de la sensibilité à l'instrument lorsqu'il faut rectifier la direction du labour. La largeur de base du sep est déterminée par le poids de la charrue ; il faut en effet que le sep glisse et ne s'enfonce pas dans la raie, car cet enfoncement amènerait en marche un arrachement de la terre, qui augmenterait beaucoup la traction. Pour avoir une raie nette, il faut prolonger la surface latérale du sep jusqu'au niveau du sol, mais en formant un léger bourrelet à la partie inférieure, afin que la terre ne presse pas sur toute la hauteur du labour.

La face formant le dessous du sep ne doit pas être plane ; par l'action du laboureur sur les mancherons, la charrue tend à s'appuyer sur la partie postérieure, et, du côté du soc, si la terre est un peu dure, la partie antérieure porte plus que le milieu. Aussi pour empêcher que le sep ne se déforme et fasse une bosse au milieu, on fait couper, sous un angle très obtus, la ligne antérieure formée par la direction du soc et la ligne postérieure (fig, 18).

Une règle R, placée sur la pointe du soc laisse une distance *a b* notable entre elle et le milieu du sep. Cette longueur *a b* doit atteindre son maximum dans les terrains pierreux où le soc pénètre difficilement. Par suite de cette disposition du sep, ce sont les deux extrémités qui tendent à s'user. Dans les socs à douille, l'usure

2

d'avant du sep est diminuée par le frottement de la partie inférieure de l'emmanchure. Quant à la partie postérieure du sep, on la protège souvent par une pièce rapportée en fonte ou en acier, qui prend alors le nom de *talon* (fig. 19). Cette pièce assez courte et d'un poids

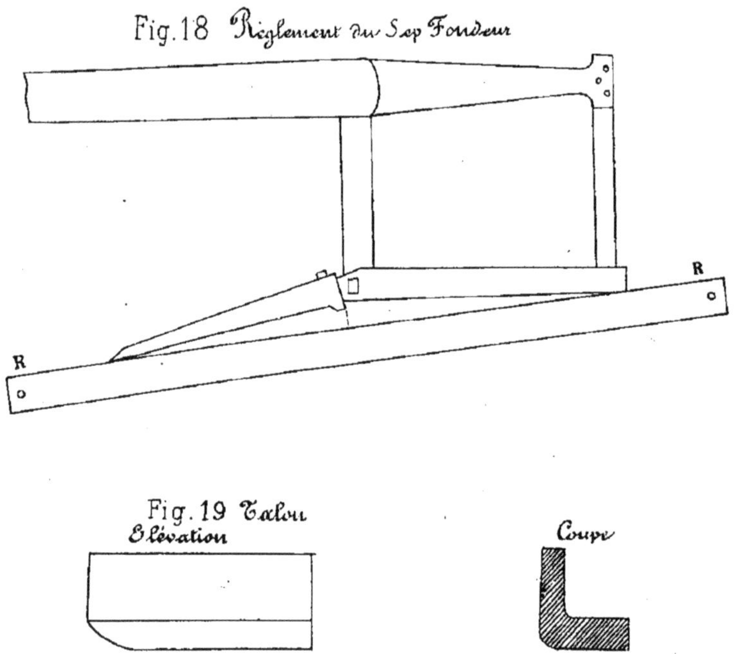

relativement faible, protège le sep contre l'usure ; elle est rapidement et facilement changée lorsqu'elle est hors de service. Mais ce talon mobile doit être aminci à la partie inférieure, du côté du soc, et avoir une certaine largeur, afin qu'il ne s'enfonce pas dans le sol ; ce qui amènerait en marche un rebroussement de la terre, inconvénient qui se produit souvent, lorsqne le talon de la charrue ayant été perdu, on n'en place un autre qu'un peu de temps après, lorsque la partie postérieure s'est usée en frottant sur le sol.

Certains constructeurs ont essayé de faire le sep en deux parties reliées par un boulon, autour duquel tournaient l'avant et l'arrière, ce qui permettait d'en régler la concavité ; mais cette disposition diminue la solidité de la charrue. Un sep est mis d'autant plus vite hors de service qu'on laisse plus s'amincir le soc ; aussi les seps des charrues à pointes mobiles, protégeant le soc, s'usent-ils beaucoup plus régulièrement que les autres. Le frottement sur le talon du sep étant considérable, on a proposé de remplacer le frottement de glissement par un frottement de roulement, en mettant une roue, à axe horizontal ou peu incliné, à la partie postérieure du sep ; mais lorsque la terre est humide, les rayons de la roue s'engorgent, et elle ne tourne pas. Cette disposition ne peut donc être adoptée avec avantage que pour les outils employés dans les pays de sécheresse prolongée, ou pour les instruments destinés à exécuter des labours légers ou des déchaumages, qui se font généralement en saison sèche. Aussi est-ce avec raison que M. Howard a adopté la roue formant talon, dans son bisoc qui sera décrit plus loin ; dans cet outil d'ailleurs, la roue arrière facilite le transport.

Les seps sont, le plus souvent aujourd'hui, en fer ou en acier, et réunis à l'âge par des pièces appelées *étançons* ; mais dans beaucoup de pays de terres légères, on se sert encore d'une seule pièce formant sep et étançons, que l'on nomme *corps de charrue*. Les corps de charrue en fonte d'une seule pièce sont pesants, et leur remplacement, lorsqu'ils viennent à casser, est fort coûteux. Ces corps de charrue en fonte doivent être rejetés pour les terrains pierreux ou encombrés de racines. Parmi les types de corps de charrue, un des meilleurs est celui de la charrue Howard, avec sep porte soc mobile, déjà décrit (fig. 14).

4° **Age.** — L'âge est la partie de la charrue à laquelle sont fixées toutes les parties travaillantes ; il est donc indispensable qu'il soit d'une rigidité parfaite pour résister aux efforts divers de traction, compression, flexion et torsion. Le bois, par son élasticité, paraîtrait la matière indiquée pour résister à ces efforts, mais les bois secs, fibreux, de bonne qualité, deviennent rares. Cette difficulté de rencontrer de bons bois a déterminé la plupart des constructeurs à faire des âges en fer ou en acier. La forme de ces âges pour éviter les déformations si nuisibles à la bonne marche d'une charrue, doit être étudiée avec soin. La forme en T résiste bien à la flexion et à la compression, mais mal à la torsion. Un constructeur, M. Elie Froger, a ingénieusement combiné le fer et le bois dans la construction de ses âges de charrue, composés d'un fer en ‾|__|‾ rempli à l'intérieur de bois, fermé par une plaque de fer.

5° **Mancherons et Chaîne de tirage.** — Les mancherons, destinés à faciliter la direction de la charrue, sont placés à l'arrière de l'âge ; ils sont composés d'une ou deux branches, se relevant pour arriver à la hauteur de l'extrémité des bras du conducteur. Ils servent à diriger la charrue même sans le régulateur, dont j'indiquerai plus loin le but, avec l'aide de la chaîne de tirage où sont attelés les animaux. En effet, lorsque le conducteur pèse sur les mancherons, il presse le talon de la charrue sur le sol, et alors ce talon devient le point d'appui d'un levier de longueur l, l étant la projection de la longueur L des mancherons, (fig. 1); le soc se relève alors d'autant plus facilement que les mancherons sont plus longs, et que, par conséquent, leur projection l sera plus grande. Donc plus le sep sera long, plus la charrue sera lourde, et plus on devra allonger les mancherons, car la résistance à vaincre sera plus grande, et il faudra augmenter le bras de levier pour en triompher.

Si le laboureur veut faire pénétrer sa charrue plus profondément, il devra soulever les mancherons, car, ce faisant, il inclinera le sep d'arrière en avant, et augmentera l'angle de pénétration du soc. Quand le laboureur appuie sur la branche des mancherons placée du côté du champ non labouré ou guéret, il fait pénétrer la charrue dans la partie à labourer et augmente la largeur du labour ; s'il appuie sur la branche opposée il en diminue la largeur. C'est la pointe du soc qui sert de pivot à la rotation de la charrue.

Il semblerait rationel de placer sur l'âge un mécanisme, permettant de hausser ou de baisser l'extrémité des mancherons, selon la taille des conducteurs ; on a adopté cette disposition dans un certain nombre de charrues ; mais, en général, on évite cette complication coûteuse, et on règle les mancherons sur la taille moyenne des laboureurs du pays.

La chaîne de tirage permet aussi de modifier la profondeur; en la racourcissant, on tend à relever la charrue, et par conséquent à enfoncer moins profondément, en l'allongeant on fait pénétrer la charrue dans la terre.

Pour modifier la largeur, on peut agir par la longueur des traits d'un des chevaux, s'il s'agit d'attelage de deux animaux de front. Si on raccourcit les traits du cheval qui est sur le champ, la charrue tend à prendre plus large ; si on raccourcit les traits du cheval qui est dans la raie, c'est le mouvement contraire qui se produit, et la charrue prend moins large.

La position de l'attache de la chaine de tirage n'est pas indifférente. D'une manière générale, le point d'attache de la chaine de tirage doit être le plus rapproché possible du point d'application de la résultante des efforts de traction. En pratique, il doit se rapprocher le plus possible de l'avant du corps de charrue.

6° **Régulateur.** — Cette action des mancherons et de la chaine de tirage est incomplète. Il résulte de ce qui a été dit plus haut, que la chaine de tirage fait tourner la charrue, jusqu'à ce que la résultante des résistances soit dans le prolongement de la direction de l'effort de traction produit par les attelages. Cette position ne sera jamais stable, parce que les moteurs, chevaux ou bœufs, ne tireront pas d'une manière régulière ; mais il y aura toujours pour un même attelage une direction plus rapprochée de l'équilibre que les autres, et on reconnaîtra cette direction parce qu'elle correspondra à celle où le conducteur aura moins d'effort à exercer sur les mancherons. Si on considère d'abord l'équilibre de la charrue dans le sens de la profondeur (fig. 20), la chaîne d'attelage ayant son point d'attache en *C*, et étant tenu de passer en *b* sur une tige mobile *a b* pour être tirée par F, la ligne *a b* F tend à devenir droite, et plus *a b* sera grand, plus F relèvera la tête de la charrue, et moins l'instrument enfoncera. Si, au contraire, on relève *b*, la force exercée en F, pour relever la pointe, sera moins grande, et la charrue enfoncera plus en terre. Si on force la chaîne attachée en c (fig. 21) à passer en a du côté du guéret, F tendra à faire

Fig. 20

Règlement de la profondeur et de la largeur d'une charrue

Élévation

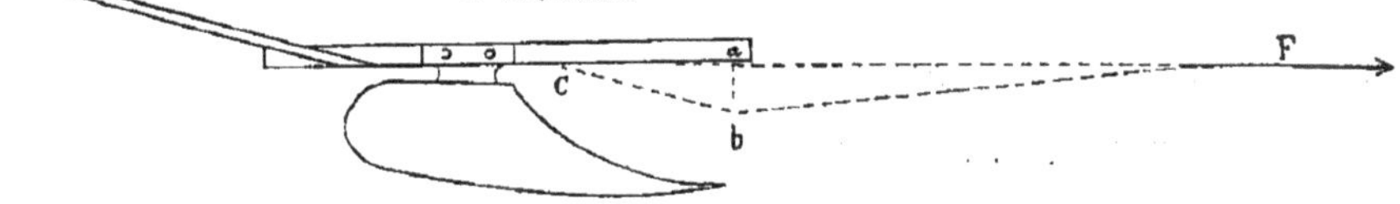

Plan Fig. 21

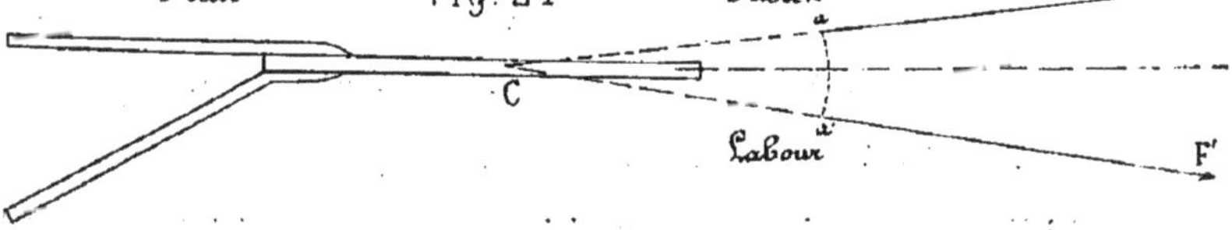

tourner le soc de la charrue autour du point c, et par

conséquent à diminuer la largeur du labour. Si au contraire la chaîne passe en a' du côté du labour, la pointe tendra à tourner autour de a' et à ramener la charrue vers la partie à labourer, c'est-à-dire à augmenter la largeur de bande.

Ces deux figures théoriques indiquent qu'il faut un appareil complémentaire pour bien diriger la charrue. Cet appareil s'appelle *Régulateur* ; il doit être sensible et très solide. Ces deux conditions sont difficiles à remplir ; un appareil sensible, c'est à-dire permettant un déplacement très faible, devenant délicat et peu résistant.

Je n'ai pas l'intention de décrire tous les régulateurs en usage. Voici les règles qui doivent servir à l'établissement d'un bon régulateur. Pour qu'il réponde aux exigences du travail il faut : 1° que les variations en profondeur soient indépendantes des variations en largeur ; 2° que la position du régulateur reste fixe, quelle que soit l'intensité du tirage et son irrégularité ; 3° que les changements dans le règlement de la profondeur et de la largeur du labour s'exécutent promptement et simplement. Il faut autant que possible éviter les règlements qui nécessitent l'emploi d'une clef. Les agriculteurs trouvent difficilement aujourd'hui de bons conducteurs, et ces conducteurs sont souvent si négligents, qu'ils posent dans le fond d'une raie la clef qui leur a servi à placer un soc par exemple, et que cette clef est ensuite enterrée dans le labour au tour suivant ; ou bien ils la jettent sur le sol sans regarder, et ne peuvent plus la retrouver, si bien que n'ayant plus de clef à leur disposition, ils ne peuvent plus régler leur charrue en temps voulu.

Je désapprouve l'emploi des plateaux à nervures, engrenant avec un plateau semblable fixé sur la tige du régulateur par un boulon. Les régulateurs de ce genre. très sensibles il est vrai, sont vite mis hors de service ; les crans s'émoussent, et, malgré un serrage énergique des écrous, ils n'ont aucune fixité.

Le plus simple des régulateurs est certainement celui de la charrue Dombasle. Il se compose d'une tige à section rectangulaire percée de trous, passant dans une mortaise pratiquée à l'extrémité de l'âge, cette tige porte soudée à son extrémité en forme de T, une autre pièce portant des crans où peuvent se loger les maillons de la chaîne de tirage. J'ai pris ce régulateur comme type (fig. 1). C'est par la tige verticale que l'on règle la profondeur et par la pièce à crans que l'on fait varier la largeur sur la tige verticale ; on peut rapprocher assez les trous pour obtenir de très faibles variations de profondeur, mais avec les crans destinés à régler la largeur, sa sensibilité est beaucoup moindre, parce que ces crans sont nécessairement assez larges pour faciliter l'entrée des mailles de la chaîne de tirage ; ils s'ovalisent donc assez vite, sous l'action de l'effort de traction ; mais ces inconvénients sont moindres pour les araires que pour les charrues à avant-train, les araires pouvant être facilement rectifiés par les mancherons dans le sens de la largeur. M. Grandvoinnet, avec le savant esprit d'investigation que nous lui connaissions, avait, après bien des recherches, proposé l'emploi d'un régulateur à crans dans le sens de la largeur ; ces crans servaient à maintenir une pièce munie de trous, circulant dans le plan horizontal, et retenue dans les crans au moyen de chevilles. Cette pièce portait à l'avant une coulisse dans laquelle passait une barre destinée à soutenir la chaine de tirage, barre qui pouvait être retenue à des hauteurs différentes par une cheville. Par une disposition spéciale des trous et des crans de la pièce, on obtenait des variations de largeur très faibles. Ce régulateur, parfait au point de vue théorique, a paru trop compliqué et les constructeurs ne l'ont pas adopté.

Un régulateur très précis, basé sur un autre principe est celui de la charrue Howard, à supports (fig. 22). La ligne de tirage est portée, à droite ou à gauche, en faisant tourner la pièce A C B autour de l'axe vertical du boulon A, à l'aide d'une cheville enfoncée dans l'un des trous de l'arc de cercle D D'. Pour élever ou abaisser la ligne de tirage, on fait glisser la tige T dans la mortaise pratiquée à l'extrémité de la pièce A C B, et on la fixe dans la position convenable, au moyen de l'écrou à chape B. C'est cet écrou qui constitue l'inconvénient de ce régulateur très sensible ; souvent il ne serre pas bien la chape sur la tige T, et la chaine de tirage G s'abaisse d'elle-même ; il est vrai de dire que la charrue étant à supports se règle surtout par les roues, et que l'on peut fixer fortement la vis dans les encoches pratiquées sur la face antérieure de T, la vis devant être rarement manœuvrée pour régler la profondeur.

Les régulateurs de la grande défonceuse de Durand et du bisoc de Dombasle, présentent d'excellentes dispositions. Ils permettent, à l'aide de deux vis à filets carrés et de deux manivelles, de modifier avec la plus grande facilité et en marche, la profondeur et la largeur du labour. Les charrues double-brabants demandent aussi des régulateurs spéciaux. Je décrirai ces systèmes en traitant de ces charrues.

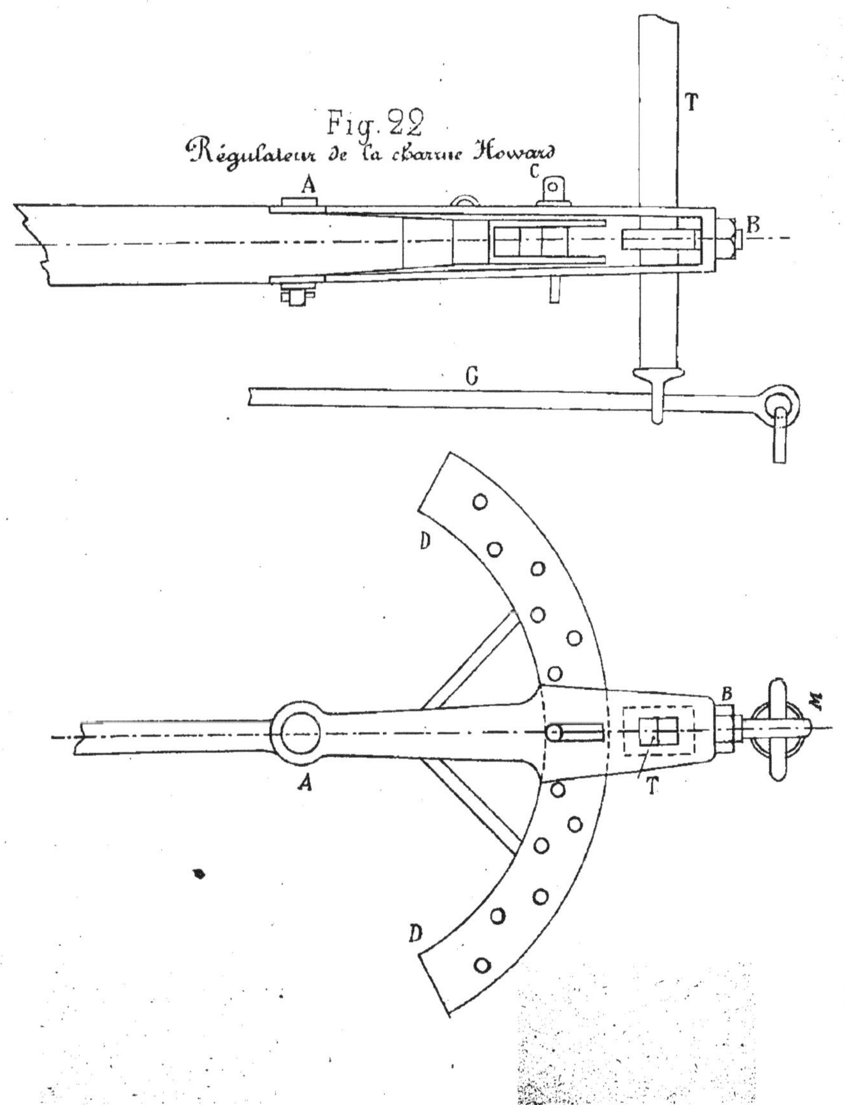

Fig. 22
Régulateur de la charrue Howard

7° **Coutre.** — Je n'ai pas parlé d'abord du coutre, bien que ce soit la première pièce travaillante de la charrue, parce que, s'il facilite beaucoup le travail, il n'est pas indispensable à la marche de l'outil, surtout si, comme dans bien des charrues, cette pièce ne peut être réglée convenablement ; car il est certain qu'un coutre mal placé nuit plus qu'il n'est utile.

Le coutre doit trancher la terre verticalement, à une profondeur à peu près égale à celle du labour, pour faciliter le travail du soc et du versoir. Il est, par suite, évident que la manière dont cette pièce agit, contribue beaucoup à rendre plus ou moins facile l'action du soc et du versoir. Le coutre pénètre dans la terre comme un coin ; sa section transversale perpendiculaire à l'axe doit être un triangle dont l'angle aigu pénètre dans le sol. De l'angle du coutre du côté de sa pénétration dans la terre, dépend son action pour faciliter le travail du soc et du versoir, mais aussi plus cet angle est ouvert, plus l'effort à vaincre est considérable, et plus l'action sur le bord vertical de la raie est grande ; et c'est là une action inutile, un effort perdu. Il est donc préférable de faire les coutres à lames très aiguës.

Il est en outre très important de déterminer la position que doit occuper le coutre dans le plan vertical, par rapport à l'âge. Trois positions sont possibles : 1° placer l'axe du coutre verticalement ; 2° incliner cet axe en avant du côté du soc ; 3° incliner l'axe en arrière du côté des mancherons. Cette dernière position qui aurait l'avantage d'empêcher le bourrage de la charrue dans des terrains engagés d'herbes, n'a pas été sanctionnée par la pratique ; elle a l'inconvénient capital de donner à la charrue une tendance à sortir de terre. La première position, l'axe vertical, peut ramener le coutre à la troisième position, s'il a du jeu dans son support ; elle est rarement choisie aujourd'hui. C'est la deuxième position qui a été adoptée, parce qu'elle tend à faire pénétrer la charrue en terre. Elle a aussi l'avantage de mieux desceller les pierres qui se trouvent dans le sol, et de couper plus facilement les racines, mais cette disposition présente de sérieux inconvénients dans les terrains engagés d'herbes. Cet inconvénient avait fait un moment préconiser le coutre en forme de couteau recourbé en avant ; les résultats pratiques n'ont pas répondu à ce qu'indiquait la théorie ; lorsque la terre est humide, les herbes s'arrachent sans se couper. On préfère pour dégager le coutre d'herbes, et enterrer le fumier, employer une chaîne K fixée à la partie supérieure du couteau du coutre et terminée par un poids *p* (fig. 24) en forme d'olive. Cette chaîne entraîne les herbes et le fumier et les fait assez bien s'enrouler dans le labour.

Il y a lieu de citer encore deux espèces de coutres spéciaux. Le premier est un couteau fixe, placé au-dessus du soc. Ce système avait des avantages, mais on y a renoncé par suite de la difficulté de fixer cette pièce simplement et solidement sur le sep ou sur le soc. Enfin on a proposé de remplacer le coutre par un disque en acier coupant, placé en avant du soc. Cela paraît excellent en théorie, mais ce coutre ne fonctionne bien que dans les défrichements de prairies ; dans d'autres terrains, lorsqu'il a plu, la terre humide se loge dans l'essieu du disque et l'empêche de tourner ; il fait alors moins bon effet qu'un coutre ordinaire, et tend à relever la pointe du soc.

Tout coutre doit pouvoir se régler par rapport à la pointe du soc et le plan vertical de la muraille formant la raie du labour. En conséquence, la pièce qui le maintient sur l'âge, que l'on appelle généralement *coutrière*. doit permettre de faire varier le coutre : 1° dans le plan horizontal ; 2° dans le plan vertical ; 3° en l'avançant ou en le reculant, c'est-à-dire en augmentant ou diminuant son angle avec l'âge ; 4° en élevant ou abaissant sa pointe par rapport à celle du soc.

Bien peu de coutrières satisfont à ces quatre conditions, et cependant ce règlement du coutre est bien important pour assurer la bonne marche d'une charrue ; un coutre mal réglé entravant tellement le travail de l'outil, que les charretiers sont trop souvent disposés à l'enlever, lorsqu'ils ne peuvent le régler ; ce qui augmente considérablement la traction.

Une coutrière simple et qui, par subterfuge, peut remplir à peu près, les conditions énoncées plus haut, est la coutrière (fig. 23) dite américaine. Cette coutrière se compose d'une simple bride en fer rond *b' b' b'* qui presse le manche en fer plat du coutre contre l'âge, à l'aide d'une plaque *p p* serrée par les écrous *e e*. Pour maintenir l'inclinaison de la bride et, par suite, celle du coutre qui s'appuie sur elle, on place sur l'âge une

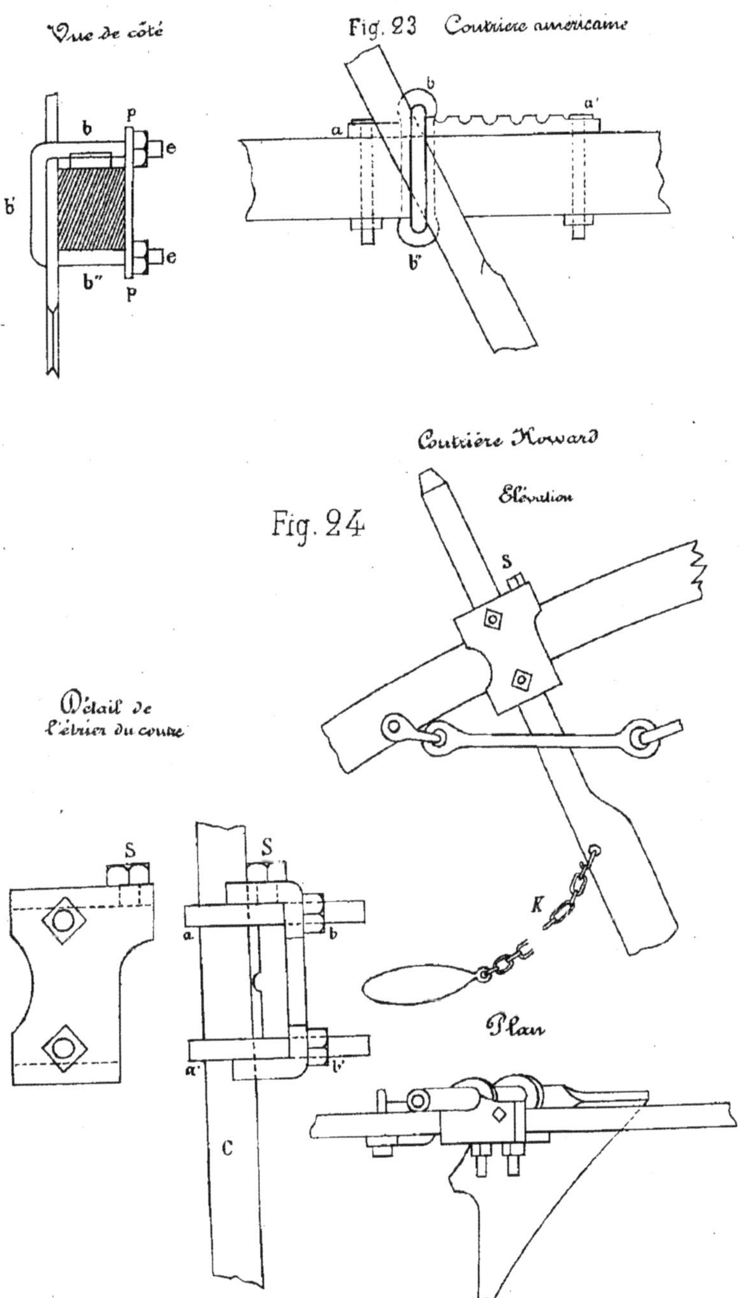

Vue de côté
Fig. 23 Coutrière américaine
b
p
e
b'
b"
a
a'
Coutrière Howard
Élévation
Fig. 24
S
Détail de l'étrier du coutre
K
Plan
a
b
a'
b'
C

plaque de fonte armée de rainures demi cylindriques *aa'*, destinées à recevoir la partie supérieure de l'étrier. Avec des coins en bois placés à différents endroits, on peut régler le coutre comme il convient, mais ces règlements n'ont aucune stabilité.

La seule coutrière répondant aux quatre conditions est celle d'Howard, très ingénieuse, mais un peu compliquée (fig. 24). Le manche du coutre *c* est rond, il s'engage dans deux anneaux *a a'* serrés contre l'âge par des boulons *b b'*. En serrant alternativement *b* et *b'* on détermine le déplacement du coutre dans le plan vertical ; en remontant ou descendant la coutrière sur l'âge, on modifie l'inclinaison ; on peut aussi faire varier cette inclinaison à l'aide d'une vis S, serrant plus ou moins sur la partie supérieure de l'âge.

Il va sans dire que, comme les couteaux ordinaires, les coutres doivent être en acier ou au moins en fer aciéré ; souvent le tranchant est trempé pour le rendre plus dur et plus coupant.

Il n'y a pas de règle absolue pour la position du coutre ; on le place généralement dans le plan vertical à 0,010 en avant de la pointe du soc, lorsque le terrain à labourer est argileux et homogène ; mais comme presque toutes les coutrières prennent un certain jeu, le coutre se rapproche vite de la pointe du soc et quelquefois se loge en arrière de la pointe, ce qui nuit beaucoup à la qualité du travail ; on est donc obligé, le plus souvent, de le mettre plus en avant du soc. Enfin, lorsque le terrain renferme des petites pierres, elles se logent entre l'extrémité du coutre et la pointe du soc, et font dévier la charrue. Le coutre doit dépasser le plan vertical du bord latéral du sep et du soc de 0,01 à 0,005, et plus, si le soc est usé et pénètre difficilement dans la terre. En pratique, la recherche de la position du coutre la plus favorable au labour est assez délicate, aussi est-il fâcheux que le règlement de cette pièce soit si peu commode dans la plupart des charrues, et l'on peut dire qu'une coutrière parfaite est encore à trouver.

Pelloir ou Rasette. — On ajoute souvent en avant du corps de charrue une petite pièce appelée *Pelloir ou Rasette* munie d'un petit soc et d'un très court versoir, qui a surtout pour but de détacher une bande de gazon à la partie supérieure d'un sol engagé d'herbes, afin d'enfouir ce gazon ou ces mauvaises herbes à une profondeur ou ils ne peuvent repousser. Cette rasette a aussi son utilité en avant des corps de charrue défonceuses puissantes, destinées à préparer la terre pour y planter de la vigne; la terre végétale rejetée par cet instrument au fond de la raie, devant alimenter les racines profondes de la vigne.

Tout conducteur, en se rendant aux champs avec sa charrue, doit avoir sur l'instrument une pièce ressemblant à une petite bêche étroite appelée *curette*, qui permet de nettoyer le versoir et les différentes pièces de l'outil.

Chapitre II. — Types de Charrues

Les types de charrues employées varient avec la nature des terrains, les travaux à exécuter, les moteurs employés, et surtout les habitudes locales, qui ont encore une trop grande influence sur le choix des instruments. Pour les bien connaître, il faut étudier les uns après les autres les types comparables, et pour cette étude je classerai les charrues en sept catégories :

I° Les charrues araires.
II° Les charrues dites à supports.
III° Les charrues à avant-train.
IV° Les charrues pour labours à plat.
V° Les charrues multiples.
VI° Les charrues défonceuses.
VII° Les charrues à bascule.

I. **Araires.** — L'Araire est le type de la charrue primitive. D'après certains auteurs, c'est encore la charrue la plus parfaite. L'Araire complet est celui que j'ai décrit (fig. 1), et qui m'a servi à étudier toutes les pièces de la charrue. C'est avec de très faibles modifications, l'araire de Mathieu de Dombasle, qui avait si bien compris toutes les données du grand problème du labourage. Cette charrue ne porte aucun soutien à l'avant. Quand les animaux tirent sans secousse et en ligne droite, l'araire conserve dans le sol la position qui lui est assignée comme largeur et profondeur du labour ; mais, si un animal tire plus que l'autre, sous l'influence d'un coup de fouet par exemple, ou si une pierre, une racine, dévient la pointe du soc, la charrue ne peut être remise en bonne marche que par l'action du conducteur sur les mancherons. Cet effort pour remettre l'instrument dans la ligne droite, fait faire au tirage de la charrue un certain angle avec la direction du labour, et, par conséquent, à ce moment l'effort de traction est plus grand que si l'instrument s'était maintenu dans la direction première.

Une série d'expériences m'ont amené à avoir une opinion différente de celle de la plupart des auteurs qui ont traité de la charrue, et je prétends qu'à moins qu'il ne s'agisse de labours dépassant 0,20 de profondeur, dans des terres parfaitement homogènes, dirigés par d'excellents conducteurs, exécutés par des attelages tirant avec une régularité parfaite (cas exceptionnel dans lequel on se place trop généralement dans des expériences dynamométriques), l'araire donne une traction plus forte que les charrues à supports ou à avant-train des meilleurs constructeurs.

Récemment encore j'ai tiré les mêmes conclusions d'essais dynamométriques exécutés à Grand-Jouan, sur neuf charrues, avec un excellent attelage de bœufs nantais, dans un terrain de moyenne consistance.

Un bon araire Dombasle, fort bien réglé, très bien conduit, a donné un peu plus de traction (la différence a été très faible il est vrai) qu'une charrue à supports de Garnier et une charrue à avant-train de Bajac, à tête refoulante. En examinant les ordonnées de tirage élevées sur la courbe tracée sur le papier du dynamomètre, c'était l'araire qui présentait les plus courtes ordonnées, mais aussi c'est lui qui donnait les plus grandes, à la rencontre de pierres ou dans les changements de direction sans doute ; si bien que l'ordonnée moyenne s'est trouvée plus élevée.

D'ailleurs, une cause d'erreur s'est glissée dans presque tous les essais dynamométriques faits sur les araires. Dans ces expériences on attelait l'araire au dynamomètre, très près du chariot, de telle sorte que la tête de l'instrument étant soutenue par ce chariot, l'outil fonctionnait comme une charrue à avant-train. Pour éviter cette cause d'erreur, j'ai attelé dans mes essais les araires à 1,50 du chariot dynamométrique, cette longueur laissant se produire les oscillations qui ont lieu, en travail courant, sur l'avant de l'âge.

C'est donc la pratique et les constatations sérieuses d'efforts de traction qui m'ont forcé à modifier l'opinion première que je m'étais faite, en lisant les savants ouvrages de M. Grandvoinnet, qui posait en principe que : « l'araire pure est préférable dans la plupart des cas, « lorsque les pièces travaillantes et dirigeantes sont « exécutées suivant des règles positives, déduites d'expé- « riences directes et de raisonnements mathématiques. »

Les expériences directes et les raisonnements mathémathiques, dont parle M. Grandvoinnet, ont une réelle valeur, lorsqu'ils s'appliquent à des outils fixes comme des machines à vapeur actionnant une usine, mais ne sont pas aussi concluants lorsqu'il s'agit d'outils dont les efforts varient à chaque instant, et qui travaillent dans des milieux différents d'un moment à l'autre.

L'araire Dombasle, construit encore par la maison Meixmoron de Dombasle, de Nancy, étant resté un des meilleurs types de ces charrues, je ne crois pas utile de donner la description d'autres araires.

II. **Charrues à supports.** — Le défaut de soutien à l'avant étant le principal inconvénient des araires, on a dû rechercher la pièce la plus simple pour y remédier. Aussi les cultivateurs des pays si bien cultivés du nord de la France, qui se servaient des araires, les ont-ils modifiés par la simple addition d'un sabot en bois S recouvert d'une semelle métallique, supporté par une pièce en bois ou en fer P, à section rectangulaire, qui glisse dans une mortaise pratiquée à l'extrémité de l'âge.

Ce sabot (fig. 25) est maintenu à la hauteur voulue par une cheville C qui passe dans des trous percés sur

Fig. 25 – Sabot support de brabant du Nord

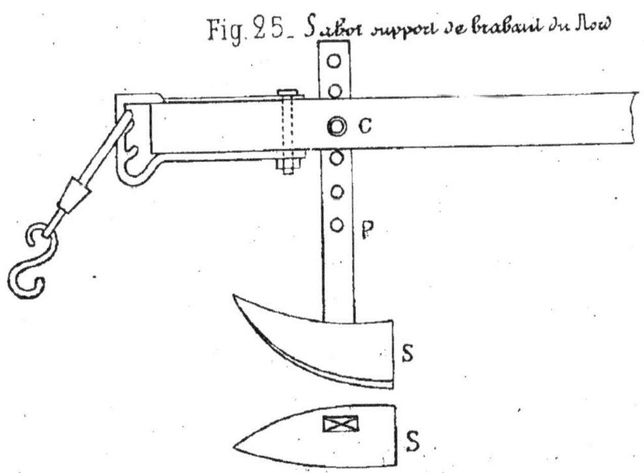

le montant de cette pièce et sur l'âge. Le sabot porte sur le sol, quand la charrue travaille à la hauteur convenable. Cette emmanchure a l'inconvénient d'affaiblir l'âge et de faire subir au sabot un frottement de glissement.

De là à transformer le sabot en roulette et à soutenir l'avant de la charrue par une pièce embrassant l'âge au lieu de la traverser, il n'y a qu'un pas qui a été vite franchi par les constructeurs. Parmi les charrues qui portent une roulette à l'avant, je citerai la charrue Oliver vendue par la maison Pilter, dont on a beaucoup parlé récemment. Cette charrue (fig. 26) porte à l'avant

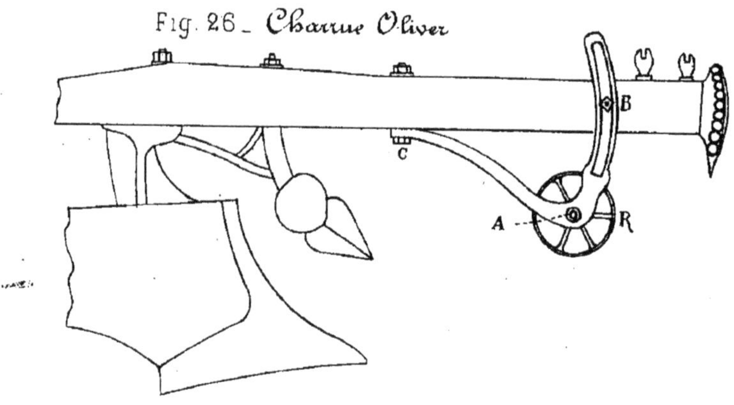

Fig. 26 _ Charrue Oliver

une petite roue R, traversée par un axe *A*. Cet axe est soutenu par une pièce en forme de V, *B C*, formée de deux branches parallèles embrassant l'extrémité de l'âge. La hauteur de la roue peut être réglée par un boulon vu en B, traversant l'âge et la pièce *B C* ce boulon se trouvant maintenu dans une position fixe par le serrage de l'écrou B. Cet instrument fonctionne bien, quoique les principes de son établissement soient discutables. Il se distingue des autres charrues à supports, parce que 1° son âge est indépendant du corps de charrue, et peut pivoter autour d'un boulon de support du corps, préalablement desserré, en levant ou abaissant une vis placée près des mancherons, de manière à modifier l'angle de pénétration dans le sol, ce qui est un avantage lorsqu'on passe de terrains friables à des terrains très durs et rebelles à la pénétration ; 2° le soc est en fonte de forme spéciale, protégeant le versoir et ayant du côté de ce versoir une forme courbe se raccordant avec lui ; ce soc fonctionne bien, mais il est trop volumineux et son remplacement, lorsqu'il est usé, occasionne une dépense trop considérable ; 3° le coutre est remplacé par une espèce de rasette munie d'un soc, pénétrant dans la terre par le sommet d'un triangle concave. Quoique, je le répète, cette charrue ait bien fonctionné, dans les essais auxquels j'ai assisté avec les conducteurs du représentant, il faudrait la revoir après un travail prolongé, avant de prôner un outil dont la construction est si contraire aux règles que j'ai posées précédemment. Il est vrai qu'elle ne coûte que 30 francs, et le bon marché séduit toujours, surtout le petit cultivateur.

Ces charrues à roulette ne présentent pas une grande stabilité ; en effet si l'âge est soutenu à l'avant, la tête peut, sous l'effort de traction, s'incliner à droite ou à gauche et la bonne direction dépend encore beaucoup de l'habileté du laboureur.

La difficulté de trouver de bons conducteurs, devait amener les constructeurs à chercher un type de charrue pouvant se maintenir plus facilement dans la raie. C'est dans ce but qu'ils ont créé les charrues à deux roues indépendantes. La première qui ait eu une juste renommée, est celle d'Howard ; elle exécute un labour parfait. Une partie des pièces de cet excellent outil a déjà été décrite. C'est un chef-d'œuvre que ses mancherons et son âge en col de cygne, permettant de travailler dans des terres très herbues. J'ai décrit la coutrière et le régulateur ainsi que l'attache du soc et le moyen ingénieux de modifier l'inclinaison de la pointe. Les deux roues placées à l'avant de l'âge, près du régulateur, sont inégales ; la plus grande se place dans la raie, près du bord, à une distance du plan vertical tracé par le coutre, égale à la largeur de bande que l'on veut prendre, l'autre roue va sur le sol non labouré. Les deux roues sont supportées par un essieu très court, rivé dans une tige verticale carrée, qui peut se fixer à une hauteur quelconque, à l'aide d'un étrier portant un boulon traversant l'âge, sur lequel il peut être fixé par le serrage d'un écrou. C'est le défaut de ce système ; il nécessite une clef, et j'ai déjà indiqué l'inconvénient des clefs pour le réglage d'une charrue ; en outre, lorsque le pas de vis du boulon est usé, la roue ne tient plus à la hauteur voulue.

M. Garnier, de Redon, a modifié heureusement l'attache des roues (fig. 27). Dans cette disposition, les tiges des roues T sont fixées à une vis V, qui leur est parallèle et qui permet, sans le secours de clef, le réglage de la profondeur, pendant la marche de la charrue. Les

Fig. 27

Charrue Garnier

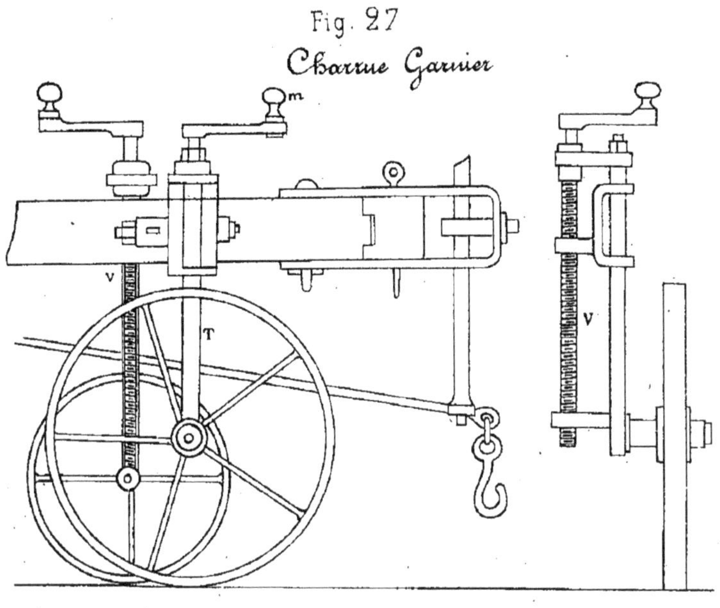

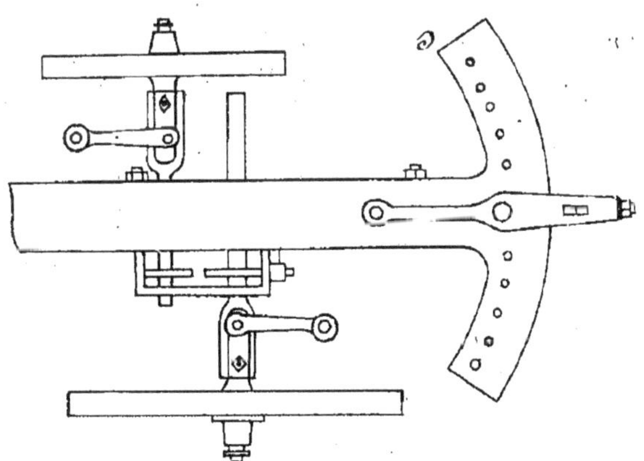

vis sont solides et faciles à manier par une manivelle *m*, située à la portée du conducteur. L'écartement des roues se règle comme dans la charrue Howard. L'âge est en bois et les mancherons moins longs que ceux des charrues anglaises ; mais cela n'a pas grand inconvénient, car lorsque cet instrument est bien réglé, le conducteur n'a presque pas besoin d'efforts pour le diriger.

Les roues de ces charrues sont un peu légères et trop étroites de jantes, de telle sorte qu'elles s'enfoncent lorsque la terre, celle du guéret surtout, est détrempée, ce qui modifie la profondeur et augmente beaucoup la traction.

III. **Charrues à avant-train.** — Les charrues à roulettes ou roues inégales ne présentent pas encore une stabilité suffisante pour les charretiers paresseux, et ils préfèrent conduire des charrues avec un avant-train formé d'un bâti plus ou moins compliqué, monté sur deux roues d'assez grand diamètre. Je ne décrirai pas les avant-trains lourds et grossiers, employés dans beaucoup de charrues désignées, en Bauce et en Brie, sous le nom de charrues de pays ; ce sont pour la plupart d'informes outils construits par des maréchaux de village, augmentant considérablement le poids de l'instrument.

Ces charrues ont incontestablement beaucoup de stabilité, mais aucune sensibilité. Il est vrai que la plupart portent à l'arrière une tringle mue par un levier à la main du conducteur, permettant de régler la profondeur qui varie souvent dans les labours en planches ;

mais ce résultat peut être obtenu par des moyens moins grossiers. Dans ces charrues primitives, quoique compliquées, le règlement de la hauteur du point d'attache de l'avant-train se fait en fixant la chaine, terminée par un gros anneau qui relie cette pièce à l'age à l'aide de chevilles ; comme les trous dans lesquels se fixent les chevilles sont assez éloignés on ne peut obtenir des petites différences de règlement de profondeur qu'en mettant des rondelles en fer. Ces rondelles font faire un bruit spécial de ferraille à ces charrues de bric et de broc ; de plus, le tirage est oblique, ce qui tend à faire ployer ou casser l'âge et augmente beaucoup la traction.

Le meilleur avant-train est incontestablement celui des charrues Dombasle (fig. 28) qui se fixe par une tige

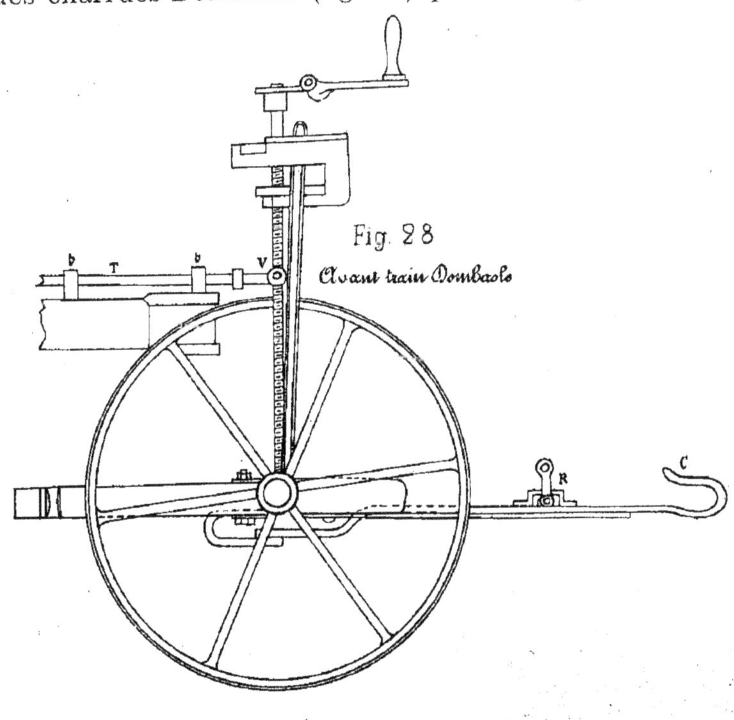

Fig. 28
Avant train Dombasle

T, dans deux pièces à œil *b*, placées sur le dessus de l'âge d'un araire, en enlevant le régulateur ; la chaîne de traction de l'araire s'attache à un crochet fixé sur le bâti des roues de l'avant-train. La tige T se termine par un écrou, soutenu par une vis verticale V, placée au milieu du bâti. En tournant la manivelle *m* de cette vis, dans un sens ou dans l'autre, on élève ou abaisse la tige T, et par conséquent l'âge de la charrue. Le crochet d'attelage C est maintenu dans la position nécessitée par la largeur de bande, au moyen d'une pièce écrou qui le déplace dans le plan horizontal, en circulant sur une vis mue par une manivelle R. Cet avant-train soutient bien la tête de la charrue, et il a une grande souplesse dans tous les sens, ce qui permet au charretier, de rectifier le labour comme dans un araire.

Un inconvénient de cet avant-train, c'est d'obliger à changer sur l'essieu, à l'aide de chevilles, la position de la roue circulant dans la raie, pour la forcer à suivre le bord de la muraille. M. Froger (fig. 29) au lieu de modifier la position de l'une des roues, déplace toute la pièce C, qui supporte l'âge en la faisant coulisser sur l'essieu carré des roues. Ce déplacement s'obtient à l'aide du levier L articulé en O sur une pièce fixe *p*, butée contre la bague de la fusée de la roue R. Lorsqu'on porte L à gauche de C, on approche l'âge de R, à l'aide de la pièce *m n* solidaire de L. Si on porte L à gauche, l'âge est éloigné. Cet âge est maintenu en marche, dans une position fixe, par la pièce *f*, qui entre dans un des crans de la pièce K G, cette pièce *f* munie d'un ressort, étant manœuvrée à la main, par la poignée de la tige du levier L. Aucun système n'approche autant l'âge de la charrue d'une des roues, ce qui rend de grands services, lorsqu'on finit de labourer un champ près d'un fossé, d'une haie, d'une vigne. Cette charrue Froger peut se transformer, en araire et en charrue à âge fixe. Ses

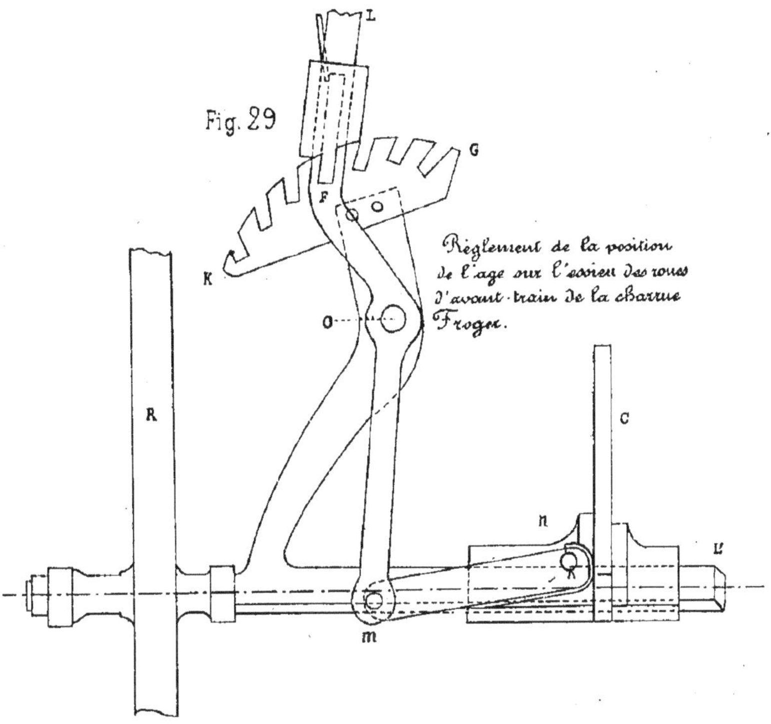

Fig. 29

Règlement de la position de l'age sur l'essieu des roues d'avant-train de la charrue Froger.

régulateurs de largeur et de profondeur, sont actionnés par des vis à filets carrés, solides et faciles à manier.

Enfin, toujours pour faciliter le travail des conducteurs, on est arrivé à appliquer aux charrues les systèmes d'avant-train des brabants doubles, que je décrirai plus loin; ils permettent de rendre la charrue rigide. Cette rigidité, que l'on peut supprimer à volonté pendant la marche et aux tournants, au moyen d'une poignée à la main du conducteur, rend très facile la conduite de l'outil.

Tous ces systèmes de charrues à supports ou avant-train affectent des formes et des dispositions mécaniques très différentes que je ne puis pas décrire toutes. On a vu que les charrues Dombasle et Froger, peuvent se transformer à volonté en araire et en charrue à avant-train. D'autres peuvent subir des transformations multiples.

Je mentionnerai seulement la disposition spéciale et ingénieuse due à M. Chavez, dans sa charrue *Triplex*. Cet instrument, construit par M. Bajac, peut fonctionner en araire, en charrue à supports à une roue et en charrue à supports à deux roues.

L'âge est en fer, il est fortement incliné d'arrière en avant, c'est cette inclinaison qui joue le rôle de régulateur de profondeur. Il n'y a qu'un régulateur de largeur fixé par un étrier sur l'âge, à un endroit plus ou moins rapproché de la pointe du soc; ce qui, par suite de l'inclinaison, lui permet de s'abaisser ou de s'élever verticalement; cet abaissement ou ce relèvement réglant aussi la profondeur, on a ainsi l'avantage en augmentant la profondeur, de rapprocher le point d'application de la chaîne de tirage, représentant la puissance du corps de charrue, c'est-à-dire de la résistance.

Le régulateur horizontal est muni, du côté du guéret, d'une mortaise dans laquelle peut passer la branche d'une roulette. Cette branche peut elle-même recevoir dans un étrier la monture coudée d'équerre d'une grande roue qui chemine dans la raie.

Ces charrues à transformations peuvent varier à l'infini et on pourrait citer aussi la charrue *Le Cygne*. Cet instrument, inventé par M. des Chesneaux, se fait remarquer par son âge arqué, que l'on peut hausser ou abaisser à l'aide d'une crémaillère coulissant dans une mortaise de la tête et munie à sa partie inférieure d'une chape servant à fixer la roue. Cet outil peut servir de charrue ordinaire, de charrue vigneronne, de butteur, de charrue pour labours à plat. L'outil est ingénieux et fonctionne bien, mais la tige de support de la roue est trop longue et se fausse dans les terrains pierreux ou engagés de racines.

IV. **Charrues pour labours à plat.** — Au fur et à mesure que les systèmes perfectionnés pénétrent dans les centres agricoles, que la culture des racines pivotantes exige un travail plus profond du sol, les champs sont plus facilement débarrassés des eaux en excès qui s'écoulent dans le sous-sol, et les labours en planches disparaissent petit à petit. Lorsqu'on peut travailler le sol à plat, les charrues versant d'un seul côté peuvent être avantageusement remplacées par des charrues doubles, versant à droite et à gauche, et permettant de revenir immédiatement dans la même raie.

Les systèmes proposés sont nombreux ; pendant longtemps, en Angleterre, on a employé des charrues à deux versoirs tournants (Ransomes Howard), versant alternativement la terre à droite ou à gauche. Un pignon commandé par une manivelle, placée entre les mancherons, imprime à un segment denté un mouvement de translation, plaçant alternativement chacun des versoirs en prolongement du soc, qui se retourne en même temps que les versoirs se déplacent. Ce système est simple, mais le mécanisme est délicat, et s'emplit de terre par les temps humides.

Dans cet ordre d'idées, la charrue l'*Avenir* construite par M. Durand, de Montereau, sur les indications de M. Grandvoinnet, est une des meilleures solutions. Le corps en fonte porte-soc de cet outil peut tourner autour d'un pivot se trouvant sur l'âge, à égale distance des pointes de socs placées dos à dos. En soulevant la charrue tout le système tourne et peut présenter en avant soit le soc de gauche soit celui de droite, avec leurs versoirs respectifs, qui viennent se placer d'eux-mêmes dans la position convenable pour le côté où la charrue doit labourer. Cet instrument se transforme en araire et en butteur. La solution est très ingénieuse au point de vue mécanique, mais l'outil est trop compliqué et la manœuvre du mécanisme peu pratique.

Un autre instrument qui résoud le problème du labour à plat est la *charrue à bascule* que je décrirai plus loin. C'est la charrue *tourne oreille* ou *double-brabant* qui est la plus employée maintenant pour le labour à plat, et les types fabriqués aujourd'hui sont très perfectionnés. Ces instruments portent deux corps symétriques, placés l'un au dessus de l'autre et solidaires de l'âge, qui est muni d'un avant-train à deux roues égales, sur lequel sont placés les régulateurs de profondeur et de largeur. Par des mécanismes spéciaux, variant avec chaque constructeur, mécanismes que je vais décrire, ces instruments peuvent être retournés sans dessus dessous par le laboureur, et ce retournement peut s'effectuer facilement et sans trop d'effort, si le conducteur a un peu l'habitude de ces outils.

Les charrues de ce type versant à droite et à gauche, ne présentent pas les inconvénients des deux systèmes que j'ai décrits précédemment. Le mécanisme est plus simple et à l'abri des souillures provenant des terres, ou trop détrempées ou trop sèches; et sur les mêmes principes, on peut construire des charrues légères ou de puissantes défonçeuses.

On peut diviser les instruments de ce système en deux catégories : 1° les charrues à âge double ; 2° les charrues à âge simple.

Dans les outils de la première catégorie, l'âge est double, c'est à-dire formé de deux parties dont l'une est fixe et l'autre est mobile. Les charrues construites par M. Candelier (fig. 30) portent une partie mobile A B sur laquelle sont fixés les deux corps de charrue K, placés en travail l'un au-dessus de l'autre. Cette partie mobile tourne autour de l'âge fixe TT' en étant maintenu par les anneaux c c c c. Perpendiculairement à ce bâti, se trouve une queue N, facilitant le renversement. Au dessus de cette pièce s'en place une autre, au milieu de laquelle est pratiquée une rainure où peut glisser un boulon S. Sur l'arrière, elle porte une échancrure carrée Q. L'âge fixe TT' est terminé par des mancherons ; au milieu de ces mancherons, un levier L, portant à son milieu une pièce *l*, peut s'encastrer dans l'échancrure Q et y être maintenu par le ressort R. En faisant glisser vers la droite où la gauche le boulon S dans la rainure, on peut fixer *l* dans l'échancrure Q à différents endroits, et par conséquent régler l'inclinaison des corps de charrue, ce qui permet de faire coucher plus ou moins la bande de terre par les versoirs ; il est évident que c'est le serrage du boulon S, qui maintient la charrue dans la position voulue. Le retournement s'opère en déclanchant *l* de Q au moyen du levier L et en appuyant sur N. Les coutres et les rasettes sont fixés sur les étriers *b b'*.

Dans les double-brabants construits par M. Durand, le règlement de l'inclinaison des corps de charrue se fait à l'aide d'un secteur à crans, dans lequel entre un écrou fixé sur un levier semblable au levier L de M. Candelier et maintenu en place par un ressort. Le règlement de cette charrue se fait facilement et permet de faibles variations d'inclinaison de la bande, mais ainsi que je l'ai dit pour d'autres instruments, les crans s'émoussent vite et la position des corps de la charrue peut se modifier sous l'influence d'un choc.

Les charrues de la 2e catégorie à âge simple sont plus généralement employées. L'âge pour le retournement tourne autour d'une pièce E (fig. 31), généralement en fonte, fixée au-dessus de l'essieu des deux roues égales qui forment l'avant-train de la charrue. Cette

Double brabant à âge double (Candelier)
Élévation du mécanisme d'enclanchement.
Plan des Corps et du Règlement
de largeur.
Place des Roues
L
C
R
K'
K
A
B
b
b'
T
T'
R
S
Q
N
c
c
c
c

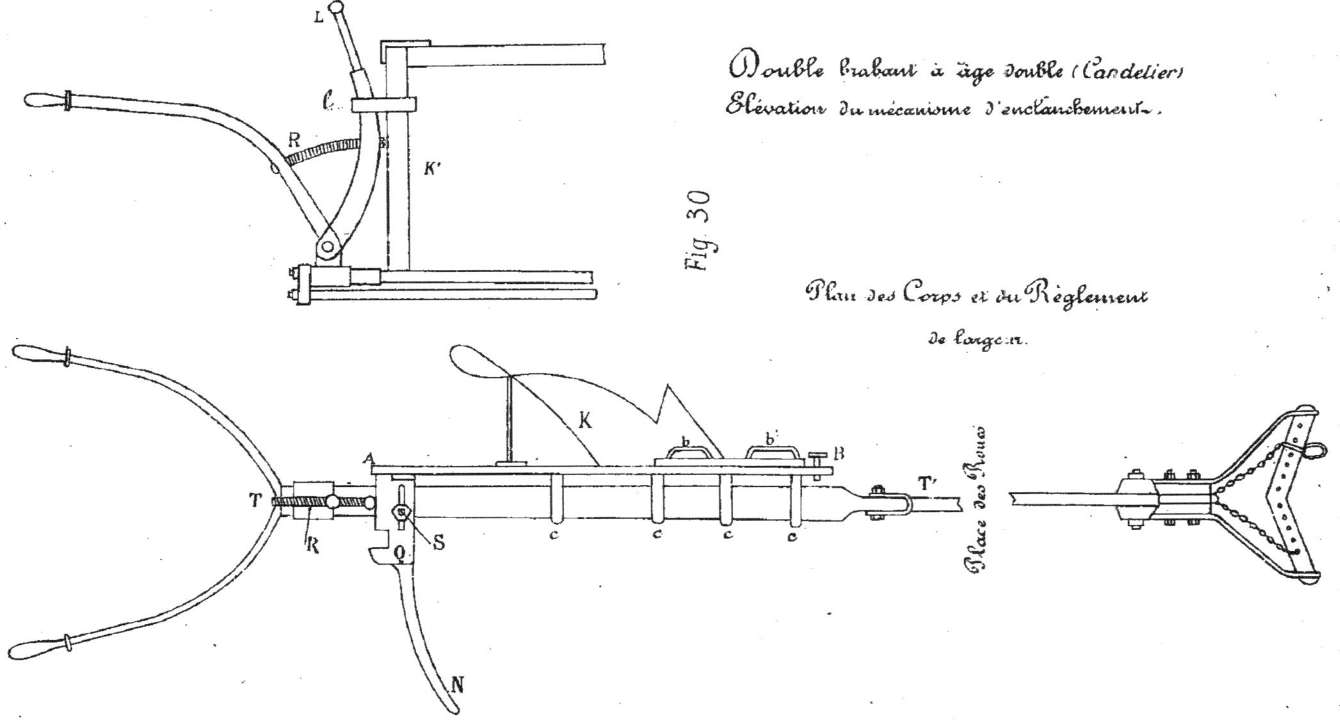

Fig. 30

pièce est appelée écamoussure par les gens du Nord. De chaque côté de l'écamoussure, sont deux secteurs en acier S semblables, portant chacun une encoche *b* dans laquelle vient entrer une pièce à section carrée *a*. Cette pièce *a* est maintenue dans l'une des encoches par un ressort *r* et reliée à une tige *t* manœuvrée par une poignée *m* située à l'arrière de l'outil. Lorsqu'on appuie sur *m* à la fin de la raie par exemple, *a* sort de l'encoche, et l'on peut retourner la charrue autour de la pièce en fonte E, au moyen de la tige A. La pièce S porte sur la hauteur une rainure, dans laquelle passe un boulon fixe qui la retient et permet de la faire hausser ou baisser, en circulant dans la rainure, ce qui donne un moyen de régler l'inclinaison des versoirs du double-brabant.

Quel est le meilleur type de double-brabants, ceux à âges doubles ou ceux à âge simple? Je ne veux pas me prononcer à ce sujet, car on en construit de bons des deux systèmes. Le double-brabant simple, me semble plus rigide, celui à âge double plus facile à retourner.

Généralement les charrues à âge double portent des mancherons, et dans certaines contrées, les cultivateurs exigent qu'on en mette derrière la charrue. Je n'en vois pas l'utilité, ces mancherons ne servent guère pour la direction de la charrue qui est fixe, et ils ont l'inconvénient d'inviter les charretiers à s'appuyer dessus, ce qui augmente beaucoup l'effort de traction en faisant talonner la charrue outre mesure.

Quel que soit le système de retournement, les doubles

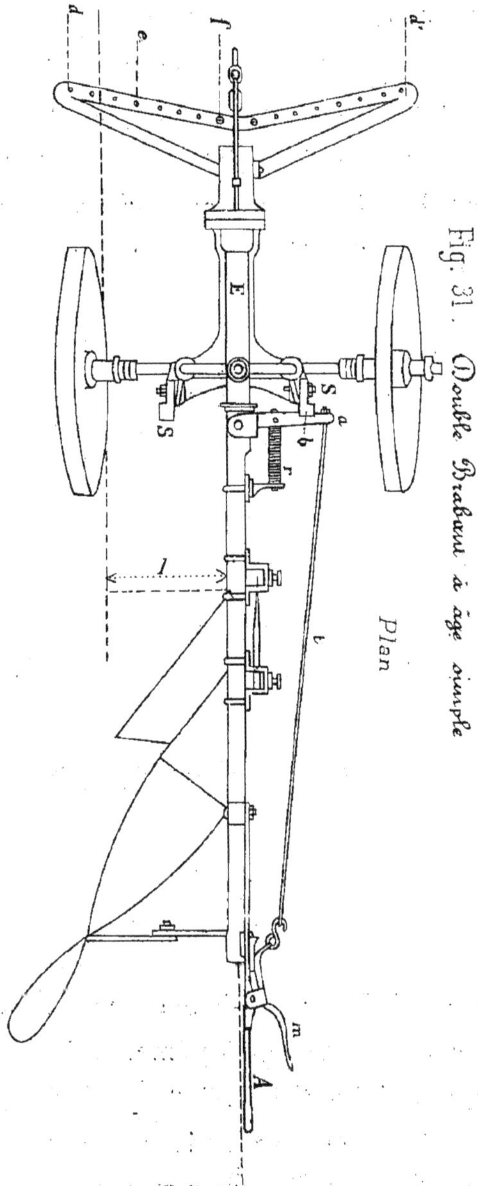

Fig. 31. Double Brabant à âge simple

Plan

brabants portent un avant-train de deux roues égales. Sur l'essieu de ces deux roues est fixée, à l'aide de deux écrous, une pièce C (fig. 32) appelée chignon, portant à son milieu un renflement qui forme support de la vis de terrage. Les deux branches verticales du chignon, servent de glissières aux renflements en fonte creuse de l'écamoussure, qui est élevée ou abaissée par la pièce écrou G. La vis est manœuvrée par la barre horizontale H.

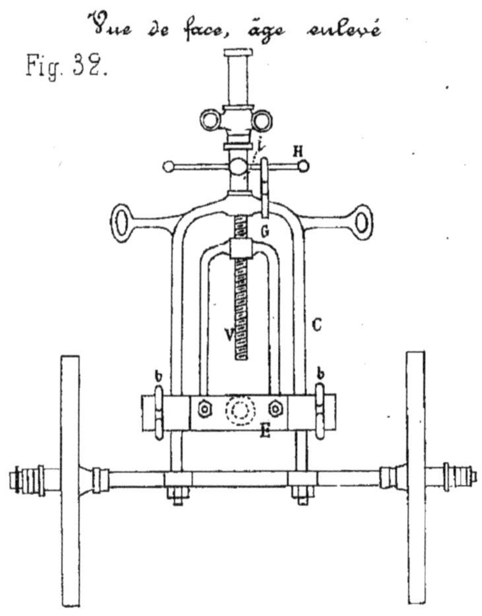

Fig. 32.

Que le double-brabant soit maintenu dans une position fixe ou abandonné à lui-même, il faut qu'il puisse tenir en raie quel que soit l'effort, quelles que soient les secousses qu'il reçoit. Pour arriver à ce but, M. Bajac a placé en avant de sa charrue, un système qu'il appelle tête refoulante. Il est composé d'une pièce P (fig. 33), formée d'un montant plat percé de trous, fixé par un boulon dans une tête en fonte. Cette pièce P supporte

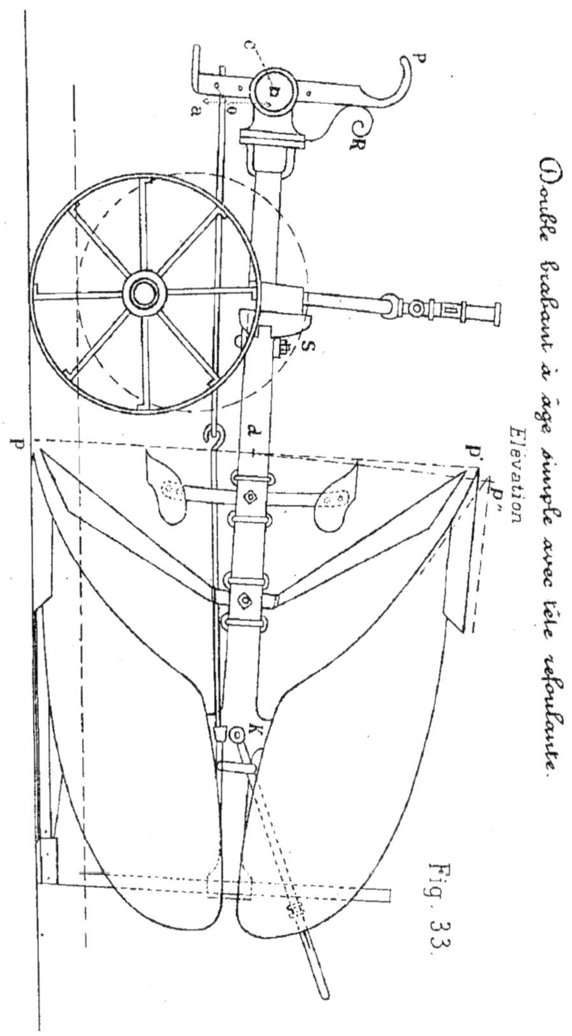

Double brabant à âge simple avec tête refoulante.
Elévation
Fig. 33.

la tige de tirage, maintenue à une hauteur variable par une goupille O, et elle porte à sa partie inférieure le régulateur qui sert à fixer la largeur de bande ; toute cette pièce peut tourner librement autour du boulon C qui passe dans P.

Par cette disposition, lorsque le sol devient plus dur, on peut forcer la charrue à talonner, en modifiant les rapports des leviers *a o* et *o c*, le point *o* devenant le centre de butée des efforts. On compense ainsi, par la longueur du levier *a o*, la résistance, qui se rapproche d'autant plus de la pointe du soc que le terrain est plus dur, et tend à soulever la charrue. Ce refoulement produit alors l'effet de l'homme s'appuyant sur les mancherons, et il est réglé mathématiquement. Le ressort R joue le rôle d'amortisseur à la mise en marche; à l'arrêt, il repousse le montant, donne un peu de lâche à la tringle de traction et facilite ainsi le mouvement de bascule.

Les double-brabants demandent à être entretenus avec soin et vérifiés souvent, car il arrive fréquemment qu'un des socs, celui de gauche, par exemple, prend plus profond que celui de droite, ce qui amène un des corps à relever la terre plus que l'autre. Non-seulement cela occasionne plus de tirage pour les animaux et est d'un effet désagréable à l'œil, mais encore la terre n'est pas retournée convenablement, le versoir ne se trouvant plus dans la position pour laquelle il a été étudié. Cet inconvénient vient de ce que, sous l'action d'une résistance (fig. 33), pierre ou racine, la pointe du soc *p* tourne autour de l'attache des étançons K; la distance *p d* n'étant plus égale à *p' d*, *p'* vient en *p''* en tournant autour de K; de telle sorte que *p'' d* étant plus grand que *p' d* le soc p'' enfonce plus profondément que p', et déforme le versoir et les étançons. Il est donc prudent lorsqu'on a acheté un double-brabant de mesurer les distances $d\ p$ et $d\ p'$, et de les relever sur une planche, avec le gabarit des étançons, de manière à pouvoir rétablir à la forge la position de l'étançon faussé, ce qui n'est pas toujours facile dans un atelier de ferme. Cette déformation des double-brabants est d'ailleurs le plus grave inconvénient résultant de l'emploi de ces charrues.

Afin de placer ces outils dans les meilleures conditions possibles, il est indispensable de savoir bien les régler. Il faut d'abord fixer la profondeur ; ce réglement s'obtient en manœuvrant la vis de terrage V au moyen de la barre H qui la surmonte. Comme les trépidations et les secousses pourraient faire tourner la vis, il est bon d'empêcher tout mouvement de cette vis et pour cela, dans beaucoup de brabants, on place sur le chignon un 8 *i*, qui peut entrer à volonté dans la barre manivelle et la rendre solidaire du chignon. L'aplomb de la charrue, c'est-à-dire sa position fixe en raie, est réglé par les cliquets S, qui peuvent s'incliner plus ou moins, ainsi que je l'ai dit plus haut. Ces cliquets ne doivent pas servir à régler la largeur, mais seulement l'inclinaison de la bande de terre ; le plus généralement, ils doivent être fixés de manière que le plan formé par le bord extérieur des étançons soit vertical. La largeur de bande *l* (fig. 31) est déterminée par l'espacement entre les deux lignes parallèles tracées, l'une par la projection du plan vertical formé par le coutre et le talon, l'autre par le bord intérieur de la jante de la roue qui marche dans le fond de la raie. On augmente ou diminue cette largeur, en plaçant des bagues en dedans ou en dehors du moyeu des roues.

Dans beaucoup de double-brabants, chaque roue possède un moyeu long et un moyeu court ; on peut donc en la retournant et en mettant toutes les bagues en dehors, arriver à prendre une bande de terre aussi étroite qu'on veut. Il est indispensable que la roue, roulant au fond du labour, chemine le long du bord de la raie précédemment faite. Ces variations sont obtenues en déplaçant les bagues et l'attache du crochet d'attelage. La position du crochet d'attelage varie avec le nombre et la disposition des animaux qui tirent la charrue. Si on laboure avec un seul animal, il marche dans la raie, et le point de tirage est en *d* (fig. 31). Si l'attelage se compose de deux chevaux ou de deux bœufs, l'un d'eux marche encore dans la raie, l'autre sur la terre non labourée, le point de traction vient en *e* entre les deux animaux de trait. Lorsqu'on attèle trois animaux de front, comme dans le nord de la France, on place le tirage en *f*, l'un des animaux marchant toujours dans la raie. Avec la tête refoulante Bajac, il ne faut pas fixer trop haut le point d'attache *c* (fig. 33), car alors les roues appuient sur le sol et augmentent le tirage ; la charrue, allant de la pointe, ne talonne pas. D'un autre côté, si on descend l'étrier trop bas, la tête se soulève et la charrrue ne tient plus en raie. On reconnaît qu'il y a excès dans un sens ou dans l'autre, soit quand les roues enfoncent en terre, soit quand elles ne portent pas à certains moments.

Pendant la marche, un double-brabant bien réglé doit tenir seul en terre sans qu'on le dirige avec la main. Le mode de retournement de l'outil varie avec les systèmes, mais il faut toujours, l'âge une fois libre, appuyer sur le versoir du côté du labour. Le soc sorti de terre, on arrête l'attelage, et la ligne formée par la jonction de la pointe des socs tend à devenir horizontale. Pendant que les animaux tournent sur la fourrière et que la charrue s'appuie sur les extrémités des versoirs, le laboureur facilite le mouvement de bascule, en soulevant légèrement, au moyen de la poignée d'arrière, le côté qu'il vient de faire sortir de terre. L'action simultanée du conducteur et des animaux fait relever la charrue presque d'elle-même, le versoir vient se loger dans l'encoche du cliquet, et l'instrument se trouve mis en place pour une nouvelle raie. Avec un peu d'habitude, ces mouvements sont faciles à faire ; d'ailleurs le conducteur est fortement aidé par l'attelage pour leur exécution.

V. **Charrues multiples**. — Le prix élevé de la main-d'œuvre a forcé les cultivateurs à chercher les moyens de réduire le nombre des conducteurs, en employant des charrues multiples ou exécutant plusieurs raies à la fois. On a commencé par construire des instruments à deux raies, dits bisocs, et dès le commencement de ce siècle, M. Fessart, fermier à la Ménagerie, près Versailles, se servait de bisocs ; mais les outils de ce genre doivent être mieux construits que les charrues ne faisant qu'une seule raie ; ils sont aussi plus difficiles à conduire et à régler. Un point que l'on oublie trop souvent, c'est que dans un bisoc, comme dans une charrue exécutant plusieurs raies, la largeur des bandes est invariable et correspond à l'espace *a b* (fig. 34) qui existe entre les deux plans verticaux formés par le coutre des deux corps consécutifs ; par conséquent, si l'on ne prend pas soin de placer le régulateur et la roue située dans la raie, dans la position exacte correspondant à la largeur *a b*, le premier corps de charrue ne fonctionne pas comme les suivants.

Cette invariabilité de la largeur de bande exige que la direction du labour soit bien rectiligne et que la charrue ne dévie pas, car il est impossible, à moins d'exécuter un mauvais labour, de rectifier une raie inégale ; ce que l'on peut faire avec une charrue à un corps en prenant une bande plus ou moins large. Ceci explique pourquoi pour des labours, précédant l'ensemencement, beaucoup de cultivateurs ne veulent pas employer les bisocs et encore moins les charrues à deux et trois socs. Puisqu'une des causes qui détermine à employer les charrues multiples est la difficulté de trouver de bons charretiers, on peut craindre dans les pays où les bons conducteurs font défaut, d'exécuter de mauvais labours avec ces instruments. Toutefois, si l'avantage des charrues multiples est considérable, les cultivateurs peuvent payer plus cher leurs conducteurs et en faire venir de bons du dehors ; cette augmentation se répartit alors sur des outils exécutant un ouvrage double ou triple.

Le bisoc d'Howard et ses similaires anglais (Ransomes et autres) sont à âge en fer et corps en fonte ; ils fonctionnent bien et indiquent une faible traction au dynamomètre, surtout avec les socs étroits que livrent les constructeurs. Il faut que les âges portant les deux corps de charrue soient parfaitement parallèles, et par conséquent que leur écartement soit invariablement maintenu par de fortes et rigides entretoises ; pour ces charrues le sep mobile d'Howard permettant d'incliner plus ou moins chacun des socs, de manière à régler leurs pointes absolument de la même manière, est très favorable. L'âge du bisoc de Grignon, deux fois recourbé dans le plan horizontal, n'offre pas la rigidité de l'âge des instruments anglais, et les deux corps tendent à se rapprocher ; au bout de peu de temps, ils sont hors de service.

Le bisoc Dombasle à âge en bois (fig. 34) présente de sérieux avantages sur les bisocs précédents. Un des corps de charrue peut se régler par rapport à l'autre pour la profondeur au moyen de la vis U et de la manivelle m. La position de la chaine de tirage peut être réglée pour la profondeur, la position horizontale de la chaîne d'attelage déterminant la largeur par deux vis V V' à filets carrés, et deux manivelles M M' très faciles à manœuvrer. C'est un des meilleurs régulateurs que je connaisse, mais ses attaches sur les deux extrémités des âges, manquent un peu de fixité. Enfin, cet outil se distingue des précédents par l'emploi d'un levier L, permettant de sortir la charrue de terre, à la fin de la raie, opération fort difficile à exécuter avec les bisocs dont il est parlé plus haut.

Ce levier, très puissant et facile à manœuvrer, permet en même temps de régler la profondeur et l'inclinaison de la charrue d'arrière en avant, en le fixant à des hauteurs différentes sur un arc à deux branches percé de trous où l'on peut placer des chevilles. Il manque un peu de fixité, et, sous l'influence des chocs qui se produisent dans des terrains pierreux, les goupilles peuvent sortir des trous et le levier tomber brusquement. Cet inconvénient n'existe pas dans le nouveau levier de déterrage agissant sur une roue montée sur essieu coudé employé par la maison Howard, dans ses derniers types de bisocs et de trisocs.

Lorsqu'on augmente le nombre de socs, et qu'on veut faire trois, quatre et même un plus grand nombre de raies à la fois, il y a deux parties qui doivent être particulièrement étudiées, la disposition du bâtis et le règlement des socs les uns par rapport aux autres.

Ainsi que je l'ai dit pour les bisocs, il faut : 1° Que l'écartement qui existe primitivement entre deux corps de charrues consécutifs, soit rigoureusement maintenu ; en un mot que les raies tracées par les différents corps de charrue soient parfaitement parallèles. On avait primitivement donné au bâti une forme triangulaire, en faisant exercer le tirage par le sommet d'un des angles du triangle. Au bout de peu de temps ces bâtis se

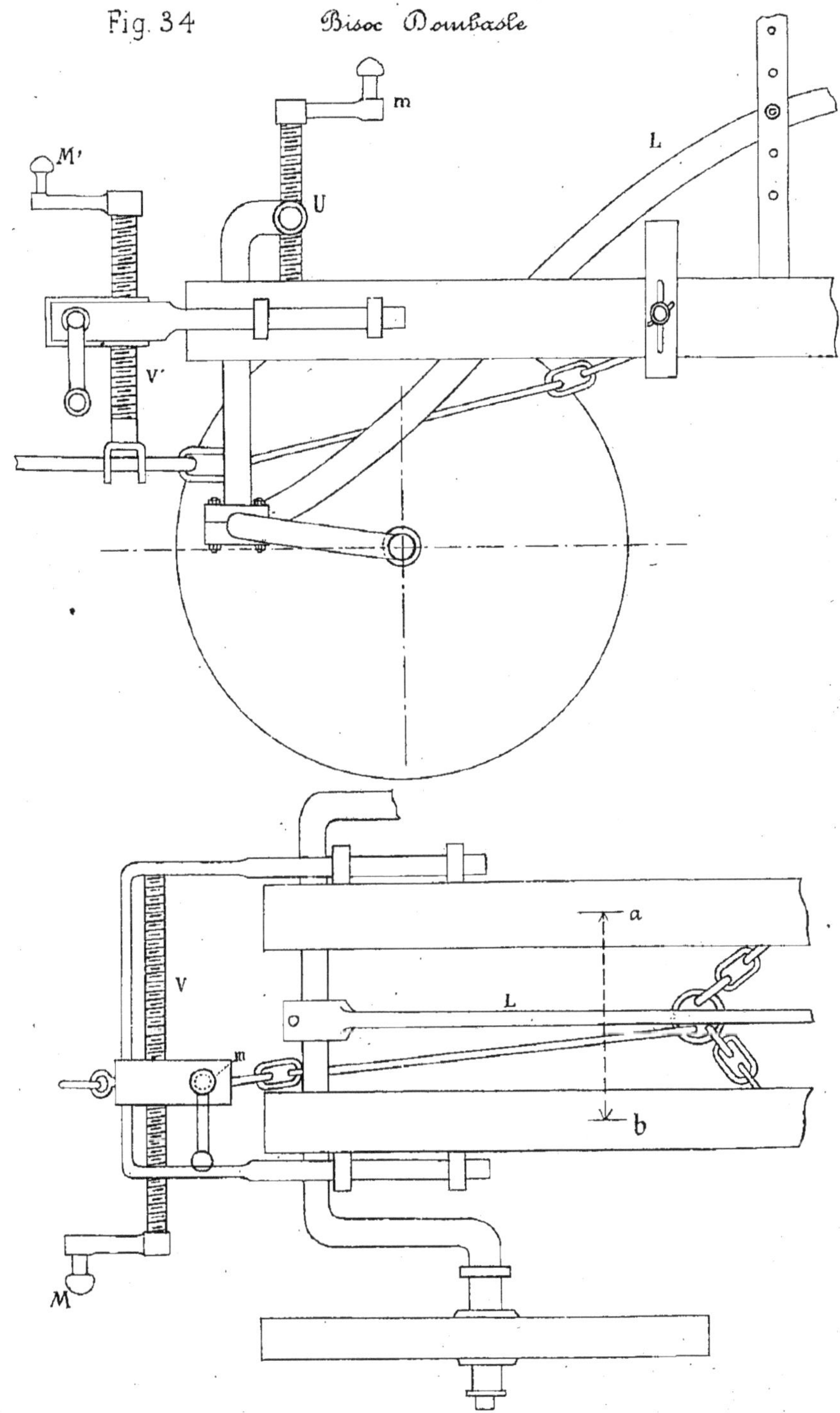

Fig. 34 Bisoc Dombasle

déforment, les seps ne sont plus parallèles et leurs faces inférieures ne sont plus dans le même plan. Ces conditions essentielles à la bonne marche de l'outil n'étant plus remplies, ces instruments font un labour très irrégulier. Dans les derniers outils construits, la traction s'exerce sur la base du triangle formant le bâti, et les déformations sont moins à craindre.

2° Que l'on puisse régler les socs les uns par rapport aux autres. C'est une condition indispensable pour assurer la bonne marche d'une charrue multiple. Dans les instruments de cette catégorie dont je parlerai plus loin, le réglement des boulons excentrés qui soutiennent l'arrière du corps de charrue sur l'âge, le boulon d'avant étant desséré, s'opérait en faisant tourner le boulon excentré d'arrière dans le trou ovalisé pratiqué dans le bâti, et on élevait ou abaissait la pointe du soc d'une quantité correspondante à l'excentricité du boulon. En s'appuyant sur le même système on est arrivé, d'une manière plus précise et plus simple, au même résultat en augmentant l'amplitude de l'oscillation que l'on obtenait par le système précédemment décrit. Le corps C (fig. 35) est maintenu sur le bâti A par deux boulons a et *b* et peut pivoter autour de *b* ; et l'arrière du retour d'équerre destiné à retenir le corps sur l'âge A, peut être fixé à un point quelconque de la rainure *r r* au moyen du boulon a qui traverse l'âge A. Le système, qui pourrait glisser dans la rainure sous l'effort de traction, est maintenu en place par les deux vis *v* et *v'*. Cette disposition est très simple et donne plus d'amplitude que le boulon excentré, mais est moins solide.

Tous ces instruments ne peuvent servir que pour des labours en planches, et surtout pour des petites planches composées d'une allée et d'une venue de la charrue multiple, car sans cela, le calcul exact du labour est très difficile. Il était naturel que les constructeurs cherchassent à faire les mêmes outils pour les labours à plat. La difficulté devient alors plus grande, car s'il

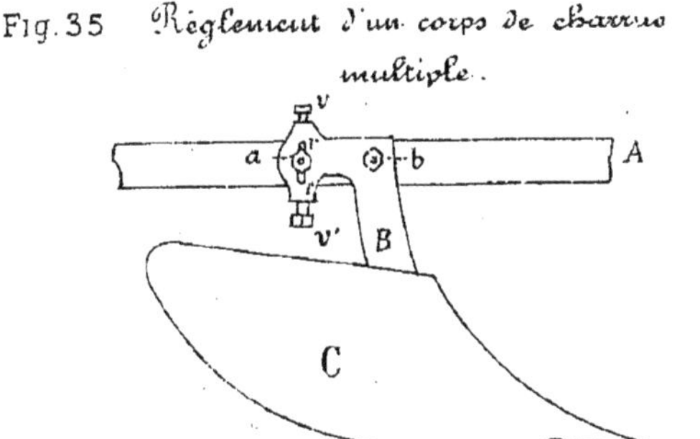

Fig. 35 Réglement d'un corps de charrue multiple.

n'est pas facile de faire marcher, à la même profondeur, deux socs superposés, un versant à gauche, et un versant à droite, combien devient ardu le montage de quatre, six et quelquefois huit corps sur un même bâti. La rigidité du bâti et la fixité des positions des points d'attache des corps deviennent alors des questions capitales.

Le bisoc double, s'il est employé à des labours de 0^m20 à 0^m25 de profondeur, a besoin d'être solidement établi. Le bâti (fig. 36) assez difficile de forge, il est vrai, porte des corps de charrue placés symétriquement par rapport à l'axe M N. Etant d'un seul morceau ce bâti n'est pas soumis aux dislocations provenant du cisaillement des boulons d'attache. Dans ces trisocs (fig. 37) le bâti, qui se monte sur un avant-train de brabant ordinaire, et les étançons qui sont situés sur une barre oblique en A B C sont en fer en ⌐⊔⌐. Le corps A placé derrière le coude peut supporter les plus grands efforts sans se déformer ; ce qui est rationnel, car c'est le premier corps qui supporte les chocs au départ. Le réglement de profondeur et de largeur de ces outils demande à être fait avec le plus grand soin, et déterminé pour un labour donné, par le chef de culture ; car si ces déformations de pointes de socs commencent à se produire, le labour devient informe. L'établissement préalable d'un gabarit, relevant exactement les positions par rapport aux plans vertical et horizontal, s'impose plus que jamais.

A quoi servent les charrues multiples, et quelle est l'économie de temps et d'argent résultant de leur emploi ? Le problème est complexe et dépend de la nature du travail à exécuter et de la consistance des terres. Pour des labours de $0^{m}20$ à $0^{m}25$ de profondeur, je crois qu'il serait imprudent d'employer une charrue faisant plus de deux raies, car les avantages en seraient détruits par les inconvénients résultant de l'inégalité du tirage et de la difficulté de faire tourner un long attelage sans augmenter démesurément les fourrières, mais un

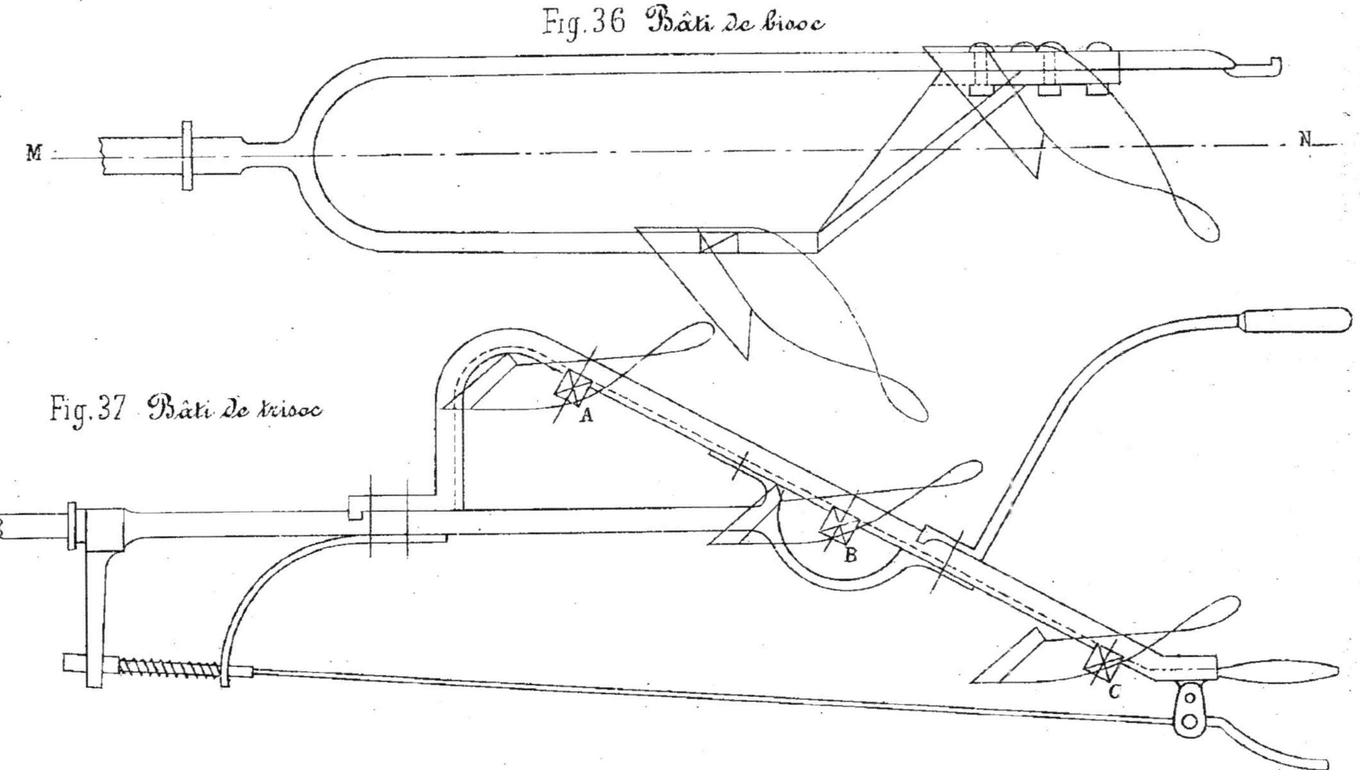

Fig. 36 Bâti de bisoc

Fig. 37 Bâti de trisoc

bon bisoc peut rendre de grands services ; il y a d'abord économie de conducteurs, puis on peut exécuter, avec quatre chevaux et six bœufs, un travail qui avec deux charrues demanderait cinq à six chevaux ou huit à dix bœufs. Les irrégularités de traction sont moins fortes, ainsi qu'on peut le constater dans les diagrammes des expériences dynamométriques ; la perte de temps aux tournants des fourrières est beaucoup moindre.

Les charrues multiples, faisant plus de deux raies, doivent être selon moi réservées pour les labours de déchaumage après la moisson, à moins que l'on ne cultive dans des terres excessivement friables, comme celles de certaines parties de la Champagne. Pour les déchaumages, le travail des charrues multiples est bien supérieur à celui des extirpateurs cultivateurs ; d'ailleurs, certains de ces derniers instruments, extirpateur Coleman par exemple, peuvent être transformés en charrue multiple par l'adjonction des versoirs fixés sur les montants des anciens socs.

Les charrues à quatre socs doubles de M. Cartier et celles de M. Fondeur, avec socs en acier et âges droits s'implantant sur un bâti triangulaire fixé par un des côtés du triangle, fonctionnent très bien pour des labours de $0^{m}08$ à $0^{m}10$ de profondeur. On peut même se servir de ces outils pour couvrir les semences, lorsque la terre battue ne permet d'employer ni le semoir, ni la herse.

VI. **Charrues défonceuses.** — Remuer et diviser profondément le sol avant d'y confier les plantes, que l'agriculteur veut y faire développer, est une opération qui prend chaque jour une place plus considérable dans les travaux agricoles, surtout depuis que l'invasion du phylloxera a forcé la plupart des viticulteurs français à reconstituer leurs vignobles. Cet approfondissement du sol par des outils pénétrant à 0^m40, 0^m50 et même 0^m70 de profondeur ne peut s'effectuer que par de puissants engins, exigeant un effort de traction considérable, et les viticulteurs ont une tendance aujourd'hui à se servir pour ces travaux, d'une charrue pénétrant d'un seul coup à la profondeur voulue, et retournant la bande travaillée, mais on peut aussi opérer ce travail en deux fois.

J'étudierai trois modes de défoncement auxquels correspondent trois groupes de charrues. On peut approfondir le sol : 1° en exécutant d'abord un labour de 0^m25 à 0^m30 avec les charrues déjà décrites et en faisant ensuite passer dans la raie, soit une charrue sans versoir, soit une simple fouilleuse ; 2° En adaptant une fouilleuse derrière une forte charrue ou sur bâti d'une charrue tourne-oreille ; 3° En labourant le sol à la profondeur voulue avec de puissantes charrues retournant la bande travaillée.

1° Le premier système était autrefois beaucoup employé ; on supprimait simplement le versoir d'une charrue semblable à celle qui ouvrait la première raie ; mais comme, en travaillant le sous-sol, on rencontre une terre plus dure, et souvent des obstacles, il fallait des corps de charrue et des socs plus solides. M. Howard est un des premiers qui ait fait des corps de charrue très puissants et construits suivant les règles de la résistance des matériaux, mais en général ces charrues ne tranchent le sol horizontalement que sur une faible largeur. Pour obvier à cet inconvénient on peut mettre, soit un soc large tranchant horizontalement la terre, ce qui augmente beaucoup l'effort de traction, soit deux socs sous-soleurs, placés l'un derrière l'autre, ce qui divise la résistance qu'éprouvent les étançons.

2° Les griffes fouilleuses, placées derrière les charrues ordinaires, sont peu employées aujourd'hui. Quelques brabants doubles, construits en particulier par les maisons Bajac et Fondeur, portent, à l'arrière de chaque corps de charrue, deux griffes fouilleuses ; mais souvent ces griffes font dévier la charrue et rendent sa direction difficile. Une disposition qui permet d'exécuter un labour profond avec un attelage restreint est celle adoptée par certains constructeurs, et en particulier par MM. Amiot et Bariat. Cette disposition consiste à transformer un des corps de charrue en fouilleuse, au moyen de deux socs ou griffes fixés sur les étançons qui portaient auparavant le sep, le versoir et le soc. La griffe arrière est mobile de bas en haut, ce qui permet de régler comme on veut la profondeur du sous-solage, de sorte qu'avec un corps de charrue versant à droite, labourant à $0^{m}25$, et une fouilleuse travaillant $0^{m}25$ plus bas, on permet aux racines des plantes de pénétrer à $0^{m}50$ et aux eaux de pluie de s'écouler et de s'emmagasiner dans le sous-sol.

Le défaut de ces systèmes, c'est de faire piétiner par les animaux le sol défoncé, et de retasser en partie la terre soulevée. On peut, pour éviter cet inconvénient, placer la griffe sur le côté du bâti à une distance égale à la largeur de bande, côté du labour, et un peu en avant du soc, de telle sorte que le labour et le travail de la fouilleuse s'effectuent en même temps. L'effet utile de la griffe n'est pas détruit par le pied des animaux ; c'est la disposition adoptée par MM. Amiot et Bariat dans leur brabant fouilleur.

Ces outils ne remuent pas complètement la terre du sous-sol et il est préférable d'employer pour ce travail un double-brabant, dont les deux corps vont à des profondeurs différentes, le premier corps de droite enlevant la couche superficielle, celui de gauche retournant le sous-sol avec un versoir spécial (double-brabant Candelier). Ces deux charrues, n'allant pas à la même profondeur, il faut que les deux côtés du régulateur ne soient pas symétriques, ou bien il y a lieu de modifier la position du régulateur à chaque raie, ce qui enlève toute régularité au travail ; il est préférable de changer l'une des roues de l'outil et de la remplacer, du côté du corps de charrue ordinaire, par une autre roue de plus grand diamètre compensant la différence de profondeur. C'est la disposition qui a été adoptée par M. Bajac, dans son nouveau double-brabant sous-soleur.

Cet outil (fig. 38) n'est que la transformation d'un double-brabant ordinaire, dont on change facilement une des roues pour une autre de plus grand diamètre. On enlève un des corps que l'on remplace par un corps de défonceuse, qui s'adapte sur les étançons placés de ce côté de l'âge. Supposons le sillon O de 0^m55 de profondeur, obtenu à l'aide de six bœufs (on n'atteint cette profondeur qu'au bout de deux ou trois raies). La grande roue marche dans le sillon, la petite sur la terre ferme. Le corps du brabant ordinaire C enlève la bande A de 0^m30 à 0^m35 d'épaisseur, et la jette dans le sillon. Au retour la petite roue marche en E et la grande sur la terre ferme, ce qui donne une forte inclinaison à l'essieu, mais facilite la pénétration de l'outil. Il est nécessaire de mettre, sur le corps de charrue défonceur, un versoir spécial très dégagé, rejetant brusquement la terre, sans trop élever son centre de gravité.

Pour ce second corps fouilleur il est indispensable de pouvoir régler la position de la pointe par un mécanisme spécial afin de lui donner l'entrure voulue; à cet effet, on rend le corps D et la pointe de son soc mobiles autour du point G, l'inclinaison voulue lui étant donnée par les étriers H J, maintenus en place par des boulons a a *b b*, circulant dans des rainures.

Ces instruments font un excellent travail, et sont à recommander dans les contrées où, pour planter de la vigne, on défonce la terre à une grande profondeur. On n'arrive aux mêmes résultats qu'avec les charrues exécutant le travail en une seule fois, exigeant l'emploi d'un long attelage, qui oblige à laisser de trop grandes fourrières.

Toutefois, pour la plantation de la vigne, c'est l'emploi

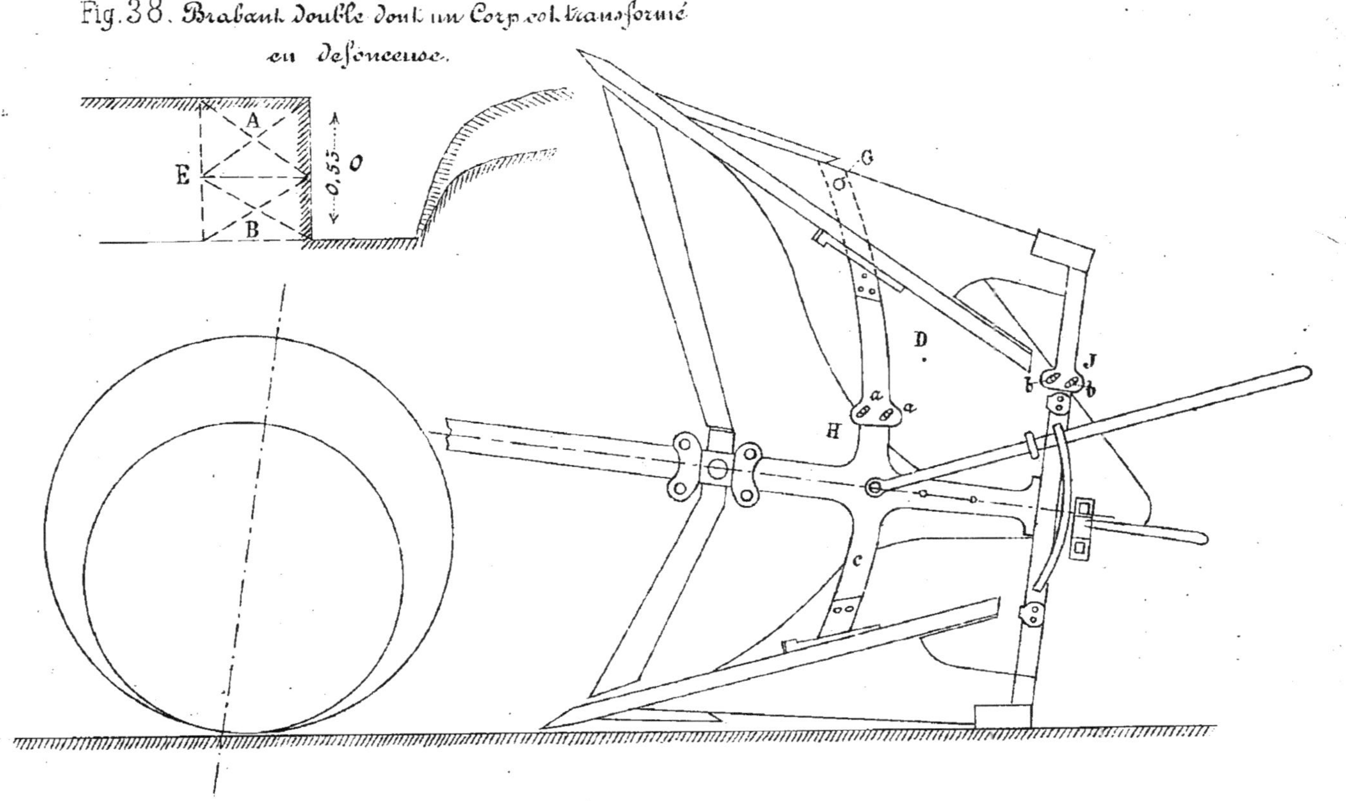

Fig. 38. Brabant double dont un Corps est transformé en défonceuse.

d'énormes charrues, pénétrant d'un seul coup à une profondeur de 0^m50 à 0^m60 qui a prévalu. Ces instruments sont en général peu maniables, et lorsqu'on se sert pour les tirer de chevaux, de mulets ou de bœufs, il se présente dans leur emploi des difficultés que je signalerai plus loin. C'est à l'Exposition Universelle de 1889, que l'on a commencé à voir une série de ces défonçeuses bien étudiées. Un des bons types de ce genre était exposé par M. Durand.

Un des inconvénients de ces sortes de charrues réside dans la difficulté de les sortir de terre à la fin de la raie. M. Durand emploie pour cela un système simple et ingénieux (fig. 39). Sur M N, traverse reliant les étan-

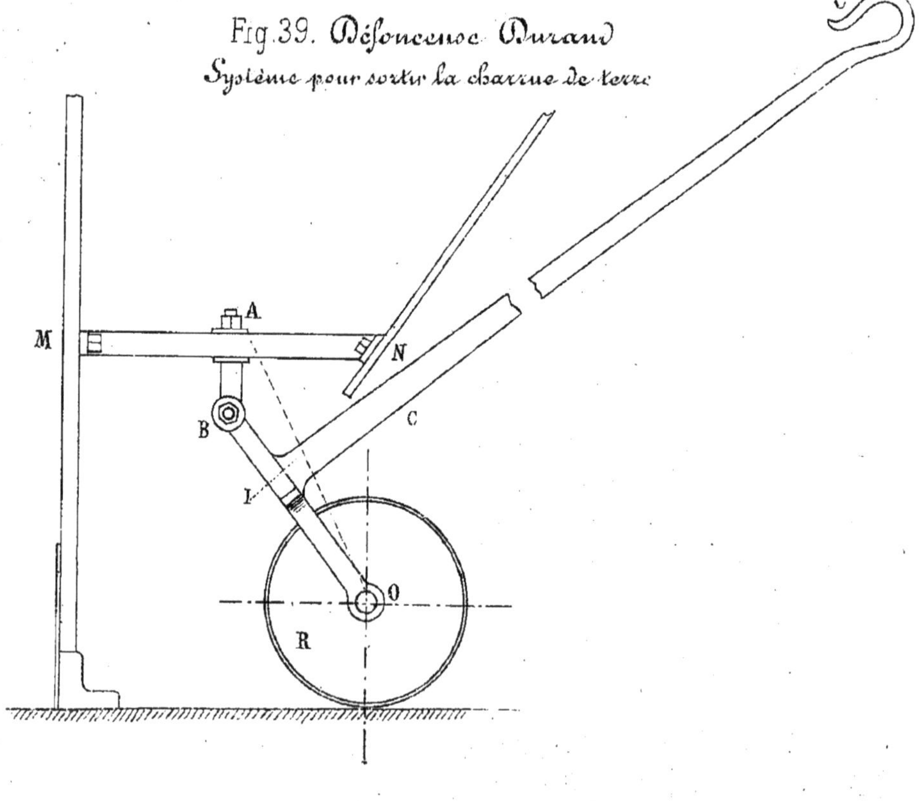

Fig. 39. Défonceuse Durand
Système pour sortir la charrue de terre

çons au versoir, est fixée en A milieu de cette traverse, une tige rigide ronde A B ; en B au bout de cette tige s'en trouve une autre pouvant osciller autour du point B ; cette pièce porte, à son autre extrémité, une fourche ou chape, englobant une petite roue R, dont l'axe est formé par un boulon passant dans les branches de la chape : sur le même axe O de la roue est fixée une barre terminée par un crochet C. Si on attèle un cheval ou des bœufs en C, la roue R se recule en s'appuyant sur le sol, et soulève le point B, de telle sorte que les deux lignes A B et B O tendent à se mettre en prolongement l'une de l'autre, et à former une ligne droite élevant M N, et par conséquent l'arrière de la charrue, de la différence qui existe entre A B + B O et A O. Plus le levier I C est grand, moins on a besoin de développer de force en C.

La charrue est solidement construite et relativement facile à manier malgré son grand poids. Le réglement de la largeur et de la profondeur, indépendamment du système qui abaisse ou relève les deux roues, se fait à l'aide de vis à filets carrés, l'une horizontale et l'autre verticale ; la vis verticale permettant de faire varier la profondeur en marche, afin de modifier l'entrure de la charrue selon la dureté du sol.

L'effort pour tirer ces énormes outils, lorsque la profondeur atteint $0^{m}50$ et $0^{m}60$ est si grand que l'on renonce souvent à faire tirer ces charrues par des animaux attelés directement sur l'instrument, et que l'on a recours à des treuils à câble actionnés par des moteurs animés ou à vapeur.

C'est M. Guyot, de l'Aude, qui construit en ce moment le plus de charrues pour ce genre de travail. Ses instruments sont très solides. La défonçeuse qu'il emploie est entièrement en fer ; elle est relativement très courte et de forme massive ; elle est à avant train et à âge tournant. L'avant train est formé de deux roues de grandeurs inégales ; la plus grande repose dans le dernier sillon ouvert par la charrue. L'âge se compose de deux fers en ⌉⌊__⌋⌈ réunis par des entretoises. Il porte une rasette et un coutre en fer forgé, fixés sur cet âge par un double étrier américain. Les étançons, la semelle et le soc, sont également en fer forgé. Le versoir, un peu court, est très élevé, il est en tôle d'acier. L'avant-train porte un régulateur à vis sur le côté qui se trouve sur le champ, dans le genre de celui qui sera décrit plus loin, actionné par une manivelle oblique portant une vis sans fin et un engrenage héliçoïdal. Il permet d'éloigner ou de rapprocher de la raie tracée, le crochet qui relie la charrue à la boucle du câble moteur. Cet avant-train porte en outre un système d'encliquetage le reliant solidement à l'âge de la charrue, qui ne peut ainsi se renverser.

Le réglage en profondeur est obtenu au moyen d'une vis de pression, qui permet de modifier, par rapport à l'âge, la position du soc et du versoir, comme cela se fait dans certaines charrues vigneronnes. Ce système est un peu délicat pour des outils soumis à de si grands efforts.

Quand la charrue qui ne travaille que d'un côté, est arrivée près du treuil, deux hommes avec un levier, après avoir soulevé l'encliquetage, la font tourner autour de son âge et la renversent sur son versoir; le conducteur vient alors engager, dans un trou percé sur les étançons, l'extrémité dans une chape sur laquelle est montée une roue porteuse (système moins commode que celui employé par M. Durand précédemment décrit). Quand cette opération est terminée, on fait faire en sens inverse un demi tour à la charrue, et par cette manœuvre l'instrument se trouve reposer, son coutre étant horizontal, sur les deux roues de l'avant-train et sur la petite roue porteuse. Puis on fixe le crochet du palonnier de l'attelage à l'arrière de la charrue, qui est ramenée à vide pour ouvrir une nouvelle raie. Le conducteur enlève alors la petite roue porteuse qu'il accroche sur l'âge. En faisant faire un quart de tour à la charrue autour de son âge, on la met de nouveau en position pour travailler. Ces opérations sont faciles à exécuter en été quand le terrain est sec; mais elles deviennent très difficiles dans un sol défoncé par les pluies.

La perte de temps du retour à vide de l'outil doit être diminuée autant que possible, et la manœuvre que nécessite la charrue Guyot, rapidement faite par les ouvriers très exercés de ce constructeur, doit être simplifiée, mise plus à la portée des constructeurs et pouvoir s'exécuter facilement, même quand le sol est détrempé; aussi est-il préférable d'employer pour relever et supporter l'outil au retour, un appareil restant continuellement fixé sur la charrue. On obtient ce résultat par le système indiqué (fig. 40).

On place à l'arrière de l'instrument une roue R soutenue par un fer coudé à section carré O D. Ce fer carré peut tourner autour d'une attache O fixée au milieu de l'étançon d'arrière de l'outil. Lorsqu'on arrive au bout du labour, avec un levier en bois placé en A, on oblige la charrue à s'incliner sur son versoir. Lorqu'elle

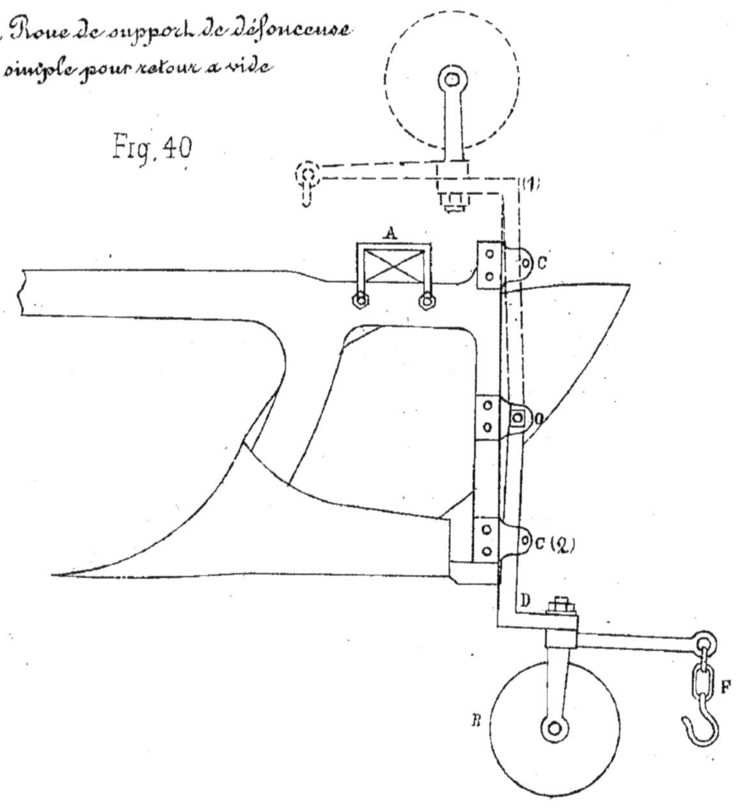

est suffisamment couchée on fait sauter la clavette qui retient la tige O D en l'air, position (1), dans la chape C', et l'on fait pivoter la tige autour de O pour l'amener en (2) dans la chape C où on la goupille; la charrue reposant alors sur trois roues peut facilement être ramenée en arrière par des animaux attelés en T.

Lorsqu'on fait tirer ces instruments par des treuils, la charrue est difficile à guider et tend à être entraînée par le câble suivant la ligne de traction qui conduit le câble sur le treuil qui l'enroule ; il faut donc pouvoir sans cesse, modifier la position du régulateur pour combattre l'action du câble.

On peut obtenir ce résultat au moyen du régulateur (fig. 41) peu différent de celui employé par M. Guyot,

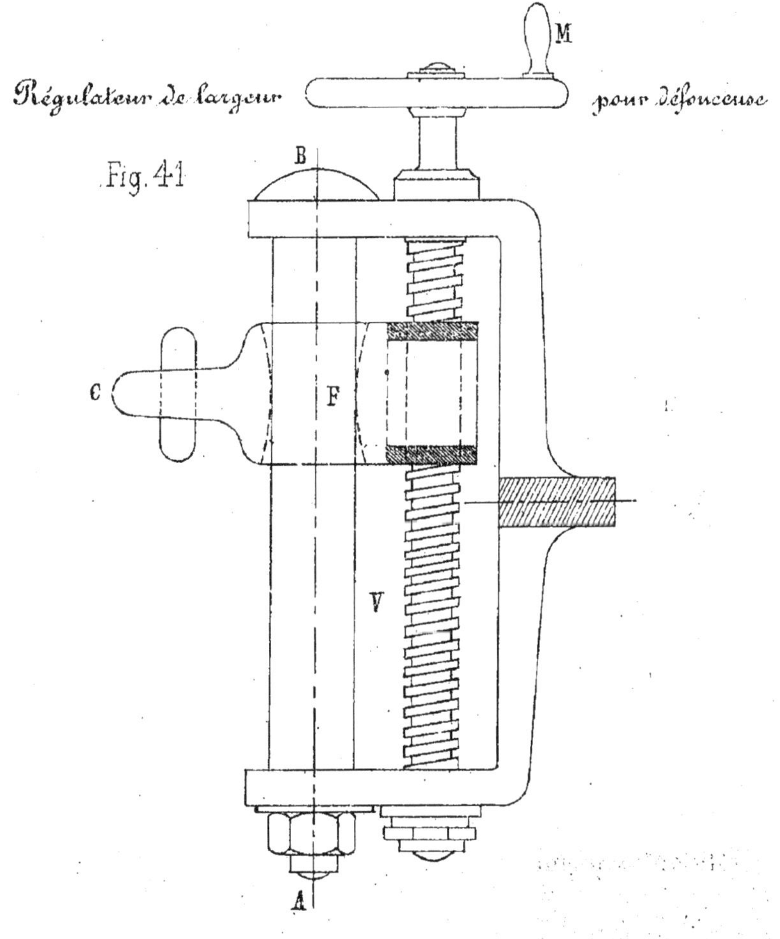

Régulateur de largeur pour défonceuse

Fig. 41

mais plus solide. Il se compose d'une chape F, portant le crochet C du câble de traction pouvant glisser en avant sur un arbre rond A B, et à l'arrière être entraînée par la vis V traversant la partie de la chape formant écrou. Mais ce régulateur, très ingénieux, n'agit pas encore assez vite dans certains cas, et souvent on préfère guider ces charrues à l'arrière par un système analogue à celui qui est employé dans les charrues à bascule, système que je vais décrire en parlant ce ces outils.

VII. **Charrues à bascule.** — Un des outils qui permet facilement de faire des labours à plat, et d'exécuter plusieurs raies à la fois, est la charrue dite à bascule, qui a été employée pour la première fois pour les tractions par treuils mus par des machines à vapeur. Je ne décrirai pas ici les charrues à plusieurs corps, faisant quatre, cinq et quelquefois sept raies à la fois. Ces instruments sont beaucoup moins employés aujourd'hui, la traction des charrues par un moteur à vapeur étant surtout réservée pour les labours profonds, les défoncements, et les défrichements qui ne s'exécutent guère qu'avec des instruments faisant une ou deux raies au plus ; et pour faciliter l'intelligence du mécanisme, je n'indiquerai que le principe d'établissement d'un outil portant un corps de chaque côté.

Une charrue à bascule (fig. 42) se compose de deux bâtis rectilignes B B' séparés par une partie droite A A que supportent les roues R R'. Ces deux bâtis font le même angle obtus avec la droite A A. Ils sont très solides et formés généralement par deux fers à ‾|_|‾,

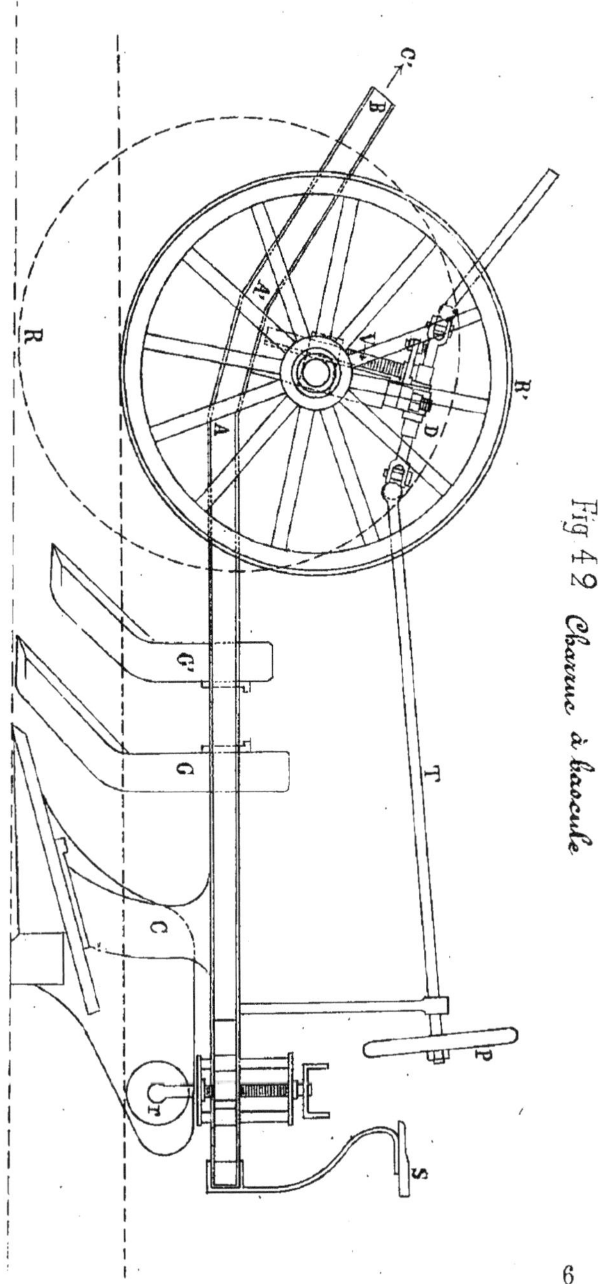

Fig 42 *Charrue à bascule*

accolés, soutenant un ou deux corps de charrue C versant à droite et C' versant à gauche, de telle sorte que si par exemple, C se trouve dans la terre en travail, C' est en l'air. Devant ces corps de charrue C et C' sont placés dans les grandes défonçeuses, deux coutres G G', qui fendent la terre à deux hauteurs différentes ; ce qui diminue la résistance et fait moins dévier la charrue que si un seul coutre devait séparer une tranche de 0^m50 à 0^m60 de profondeur. Le plus difficile dans le maniement de ces lourds outils est de diriger convenablement la charrue, pour exécuter un labour rectiligne ; cette difficulté est d'autant plus grande que les treuils de traction ne se trouvent pas toujours bien en face de la raie que trace la charrue, et que c'est par la direction qu'il faut obvier à cet inconvénient. Cette direction est donnée par un ouvrier assis sur un siège S, placé sur le côté du bâti, qui tient une roue gouvernail P, reliée à une tige T agissant par joint de cardan sur un arbre D. Cet arbre D porte une vis sans fin, qui transmet le mouvement à un secteur à dents héliçoïdales, agissant sur les têtes carrées des montants dans lesquels glissent les essieux des roues R R'. Ces deux roues R et R' sont d'inégales grandeurs, R circule au fond de la raie, R' sur le guéret ; on fait généralement la jante de R' très large, pour empêcher qu'elle n'enfonce sous le poids de la charrue lorsque les terres sont détrempées.

La profondeur de la charrue est réglée en élevant ou abaissant les roues, dont le support de moyeu glisse sur les fers carrés des montants à l'aide des vis V V, manœuvrées par une puissante clef en forme de T. Ce système de relevage est préférable à celui de la charrue Fowler, où le bâti forme bascule, et l'entrure est obtenue en inclinant plus ou moins l'essieu sur l'axe de la charrue, système qui l'empêche talonner.

Beaucoup de constructeurs placent, sur l'extrémité du bâti du côté du champ, deux petites roues *r r* qui permettent d'appuyer l'arrière de la charrue sur le sol ; ce qui lui donne beaucoup de stabilité, et la maintient plus facilement dans la ligne droite, lorsque l'obliquité du labour tend à faire riper la roue du champ. Les charrues à bascule Amiot et Bariat portent ces petites roues, M. Bajac les a supprimées. Les deux systèmes fonctionnent bien ; dans ces conditions il est assez difficile de dire si ces petites roues sont utiles.

Ces charrues sont un peu lourdes, et lorsqu'on emploie des treuils à traction animale, pour des terrains homogènes et de consistance moyenne, on peut se servir d'outils plus maniables. Le type de défonçeuses légères à bascule, construit par M. Bajac, que je vais décrire, offre dans ce cas des avantages comme légèreté et moindre dépense d'achat.

Les deux corps opposés de la charrue à bascule, (fig. 43) sont réunis et soudés en B ; deux demi-cercles en fer plat A A sont fixés sur cet âge B. Tout le système d'avant-train est assemblé sur les corps de charrue par un boulon D, faisant cheville ouvrière, à emmanchure carrée dans l'avant-train et ronde dans l'âge. L'avant-train pivote donc sur ce boulon, en s'appuyant sur les demi-cercles. Deux petits supports E E fixés à la partie supérieure du bâti de direction, reçoivent un levier qui s'articule de manière à passer du bâti gauche au bâti droit. Il est évident que si on agit sur l'extrémité du levier en prenant appui sur la charrue, l'avant-train pivotera. L'extrémité du levier, indiqué en coupe au croquis, est ordinairement actionnée par le déplacement d'une pièce écrou K. qui glisse par l'entraînement d'une vis *v* manœuvrée par un volant à la main *m*.

Ce système est très simple et maintient avec plus de fixité la charrue dans une direction donnée que la vis et le secteur hélicoïdal ; mais il ne permet pas d'exécuter des variations brusques, qui sont quelquefois nécessaires à obtenir dans les appareils à vapeur, où la charrue va à une assez grande vitesse. Il doit, au contraire, être préféré pour les défonçeuses tirées à une faible vitesse par des treuils à traction animale ou actionnées par des locomobiles de 5 à 6 chevaux.

Enfin, j'estime que dans bien des cas le travail de défoncement, par un seul corps, d'une bande de terre de 0^{m}50 à 0^{m}60 de profondeur exige un bien grand effort, et qu'il y a intérêt à employer, pour les charrues à bascule, le même procédé que celui adopté par M. Bajac dans son brabant double sous-soleur déjà décrit. Mais pour l'application de ce système, il se présente une difficulté, il faut rejeter le corps sous-soleur, pour le forcer à travailler dans la raie déjà ouverte par le corps de charrue ordinaire. La (fig. 44) indique le moyen d'arriver à ce résultat, Le corps ordinaire versant à droite C est

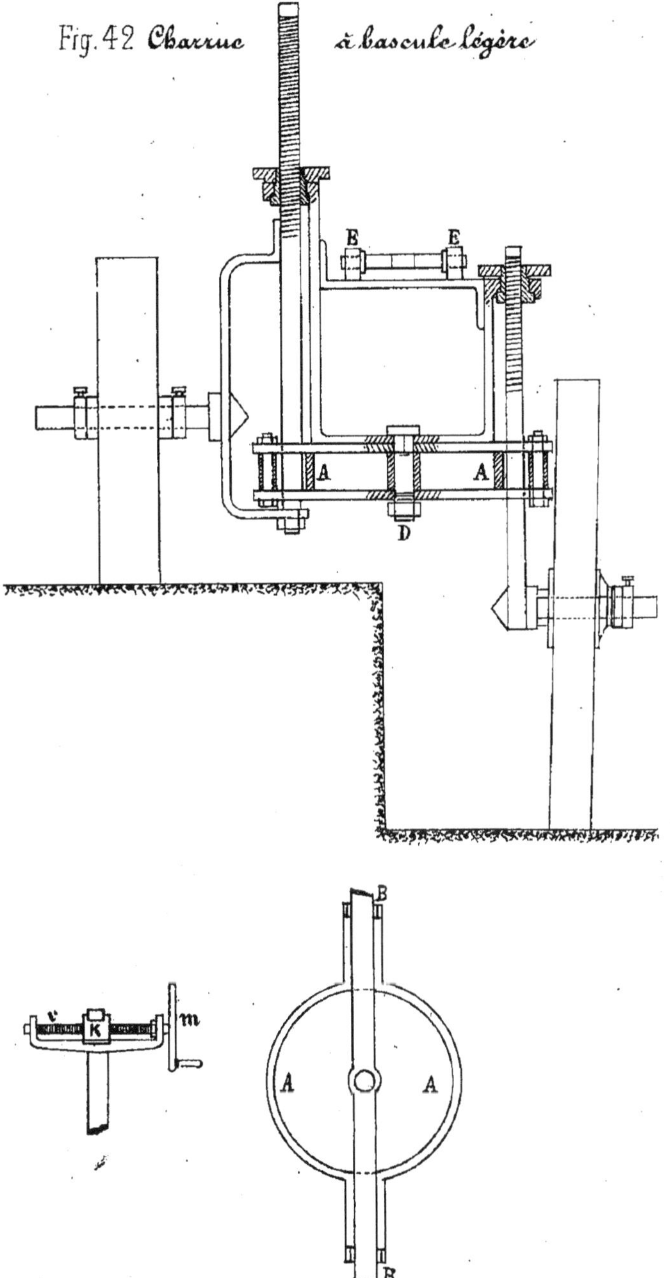

Fig. 42 Charrue à bascule légère

semblable aux corps de charrue déjà décrits, mais celui de gauche C' est rejeté du côté du labour de 0m30 environ, au moyen de fers en ‾L_J‾ deux fois coudés *a b c d*, qui soutiennent une puissante pièce en fer forgé F percée de trous, dans lesquels on place les goupilles *g* et l'écrou *e* fixés au-dessus et au-dessous des fers à ‾L_J‾, afin de régler la profondeur. Ces fers portent le corps de charrue sous-soleur C' muni d'un versoir très relevé dans le genre des versoirs Bonnet ; cette pièce F étant clavetée par deux coins K K', qui permettent de régler l'inclinaison du corps d'avant en arrière.

Ces charrues peuvent rendre de grands services pour les treuils à traction animale à double effet; le système peut s'appliquer sur n'importe quelle charrue défonçeuse à bascule.

Je ne dirai qu'un mot des charrues pour les labours spéciaux, labours en billons, labours entre les plants de vigne, etc., dont les dispositions générales diffèrent peu des charrues ordinaires.

Pour les labours en billons qui sont encore pratiqués dans une partie de la France, mais qui disparaitront petit à petit avec les procédés de culture, on emploie généralement une charrue ordinaire, versant à droite par exemple, qui à la seconde raie revient rejeter sa terre sur celle du premier sillon. On se sert aussi pour ces travaux d'appareils appelés *buttoirs* ; et dans le nord de la France, ces charrues assez grossières sont en bois et montées sur un âge sans roue. On les appelle binots ; elles sont encore employées, à certaines époques, pour

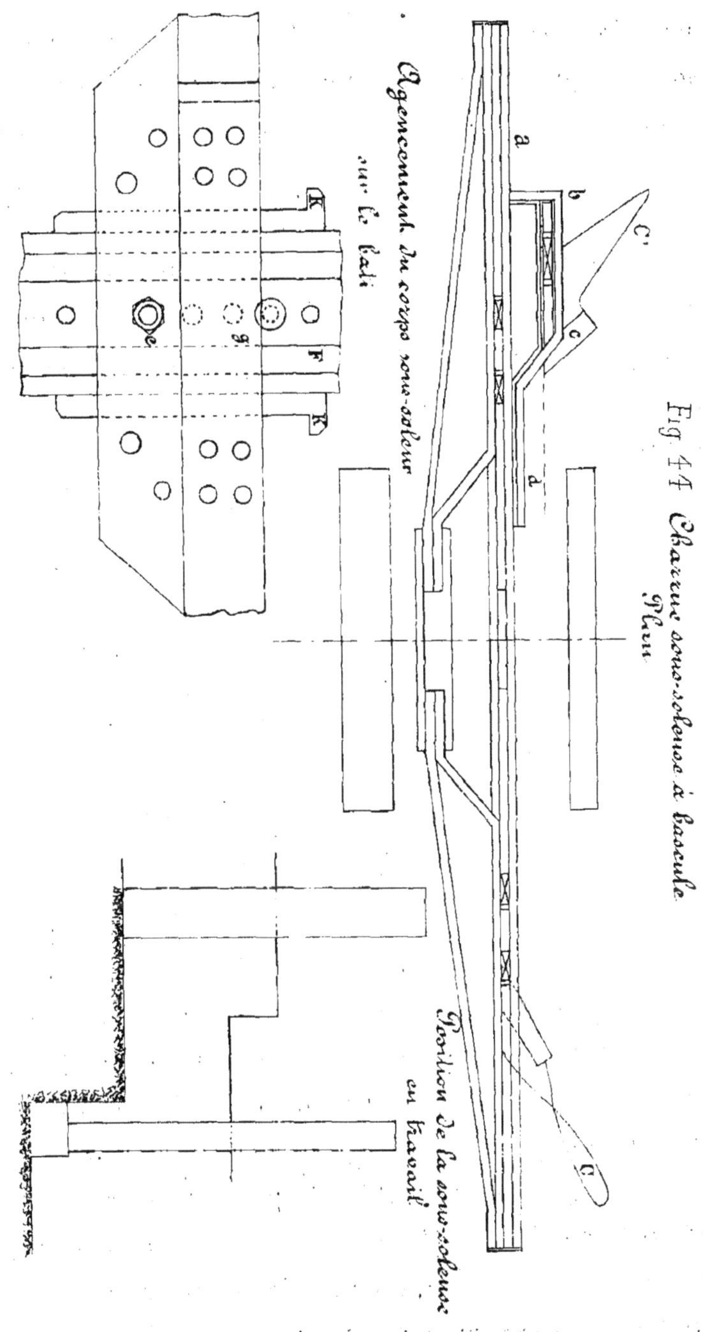

Fig 44 Charrue sous-soleuse à bascule
Plan

aérer la terre. Mais les corps de buttoir proprement dits servent surtout à exécuter des renchaussements de plantes telles que les pommes de terre, les betteraves et quelquefois la vigne plantée à faible écartement. Le corps de charrue (fig. 45) porte deux versoirs symétriques V V' partant d'un même soc ayant la forme d'un fer de lance, versant la terre l'un à droite, l'autre à gauche. La plupart de ces versoirs sont à charnières, et peuvent s'écarter plus ou moins, selon que l'on veut exercer un buttage plus ou moins énergique.

Fig. 45. Buttoir à expansion

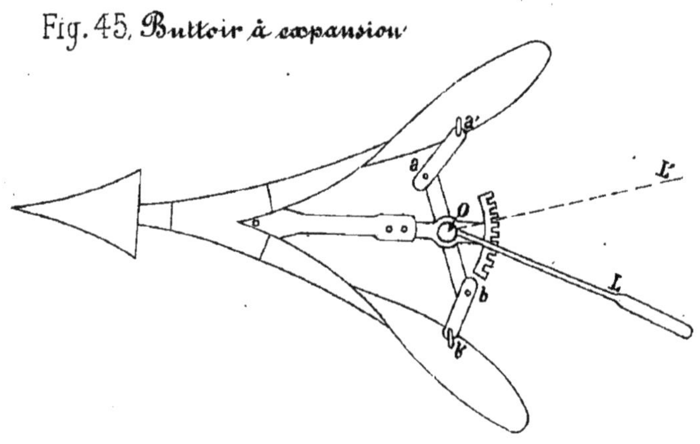

Sur le buttoir à expansion de M. Souchu-Pinet, on peut écarter les versoirs à l'aide d'un levier L placé sous les mancherons, levier qui rapproche ou écarte les articulations a et *b* des pièces a a' et *b b'*, actionnées par la pièce *a b* qui oscille autour du point O. Quand le levier prend la direction O L, il écarte les versoirs. Quand il est en O L', il les rapproche. Ce mouvement peut se faire en marche, ce qui permet d'augmenter ou diminuer le buttage dans une partie quelconque de la longueur du réage.

Ces instruments exigent beaucoup de traction, lorsqu'on agrandit l'angle de pénétration ; car alors les versoirs ne travaillent plus suivant leur direction mathématique, et la terre s'y attache, faisant bourrer l'outil. Généralement ces instruments sont munis d'une seule roulette, placée sur l'avant au milieu de la direction de l'âge. Quelquefois le corps du buttoir peut se placer sur l'âge d'autres outils, dans la charrue à supports d'Howard par exemple.

On exécute aujourd'hui une partie des façons de la vigne à l'aide des charrues ; j'ai même construit sur la demande d'un propriétaire, une charrue tirée par un câble s'enroulant sur un treuil, mû par la vapeur, cet instrument pouvait alternativement chausser et déchausser la vigne. Mais dans ces sortes de travaux, la traction n'est pas assez forte pour justifier l'emploi d'une machine à vapeur.

Une des difficultés que présente la construction des charrues vigneronnes tirées par des animaux, réside dans la nécessité de rejeter l'âge et les mancherons sur le milieu de la largeur du versoir, pour permettre au soc d'approcher des pieds de vignes.

MM. Souchu-Pinet et Moreau-Chaumier ont adopté des dispositions ingénieuses pour modifier rapidement la position de l'âge par une vis *v* (fig. 46), actionnée par une manivelle *m*, fixée sur les étançons entrainant un écrou *e* boulonné sur l'âge A B. Une coulisse C placée sur le prolongement arrière de l'âge, permet aux mancherons D D' de suivre le mouvement de l'âge, et de se déplacer en tournant autour d'un boulon maintenu par un écrou B, que l'on peut serrer à la position voulue. Lorsqu'on veut déchausser la vigne, ou porte les mancherons à droite, de manière à pouvoir approcher du rang pour enlever la terre, le cheval continuant à marcher au centre. Pour réchausser, on porte les mancherons et le régulateur à gauche, afin de pouvoir, avec la charrue, reporter la terre sur les ceps.

Fig. 46 Charrue vigneronne.

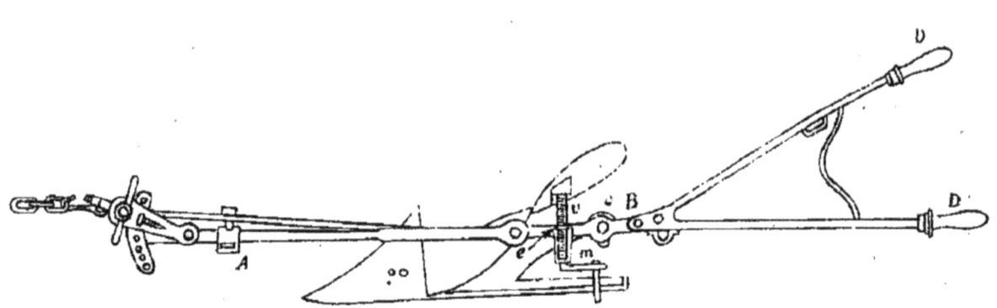

Chapitre III. — Du prix de revient des labours

La détermination du prix de revient des labours, qui a une si grande importance dans une exploitation agricole, ne peut s'établir qu'avec la connaissance : 1° De la qualité de l'instrument employé et de son adaptation au travail qui lui est demandé *(j'ai indiqué précédemment les règles qui doivent guider l'agriculteur dans cet ordre d'idées.)* 2° De l'effort de traction qu'exige une charrue et des principes sur lesquels on doit s'appuyer pour les régler. 3° Du moteur employé et de son prix de revient journalier. 4° De la surface travaillée par l'instrument pendant une journée de dix heures.

II. **Effort de traction et réglement de la Charrue.** — L'effort de traction se mesure facilement par des essais dynamométriques. Cet ouvrage s'adressant aux agriculteurs, et ayant surtout pour but d'indiquer comment on peut utiliser de la manière la plus économique les instruments sur le terrain, je n'ai pas l'intention de traiter à fond la question des expériences dynamométriques, mais de faire connaître seulement quels sont les éléments qui doivent guider dans les recherches sur les efforts de traction des charrues.

Une cause d'erreur, dans ces essais dynamométriques, provient de ce qu'on ne s'est pas préoccupé de la largeur des socs des charrues concurrentes. Les constructeurs anglais ne donnent généralement au soc qu'une largeur des 3/5, quelquefois des 2/3 de la bande. En procédant ainsi ils diminuent l'effort de traction et facilitent le retournement de la bande. C'est avec un soc ne prenant que les 2/3 de la largeur de bande que la charrue Howard a émerveillé le Jury de l'Exposition universelle de 1867. Ce jury a en effet décerné le prix d'honneur à cet instrument, qui a donné une très faible traction au dynamomètre; mais l'emploi de socs aussi peu larges présente les plus grands inconvénients au point de vue du travail du sol. La portion de bande, non travaillée par le soc, forme un bourrelet durci et lissé par l'avant du versoir, dans lequel les racines des plantes ne peuvent pénétrer, et j'ai vu dans un champ de lin, les tiges moins élevées et souffreteuses sur des lignes droites, correspondant à la largeur et à la direction de cette bande laissée intacte par le soc. Il faut donc que le soc soit assez large pour couper toute la largeur; on peut seulement tolérer que cette largeur soit de un ou deux centimètres moins grande que la bande formée par deux traits de charrue consécutifs.

D'un autre côté, l'interposition d'un dynamomètre à chariot, entre la charrue et le moteur, modifie un peu les résultats; toutefois si on effectue un labour dans une même journée avec le même attelage, sur un même champ, à la même profondeur, les résultats sont comparables. C'est ce que j'ai pu faire à Grand-Jouan en 1891 avec neuf charrues de types différents ; mais malgré toutes ces précautions, les chiffres de travail obtenus, au moyens des graphiques du dynamomètre, n'indiquent pas d'une manière absolue le travail d'un type de charrue par rapport à l'autre, les coutres et les socs n'ayant pu être tous réglés dans les conditions les plus favorables à chaque outil; aussi n'indiquerai-je que la moyenne des résultats obtenus. Ces charrues prenant 0m30 à 0m32 de largeur de bande, réglées toutes à une profondeur de 0m18 à 0m20 ont exigé un effort moyen de traction de 190 kilogrammètres.

Enfin je citerai une dernière expérience que j'ai faite, il y a quelques jours, avec le concours de mon répétiteur, M. Meurdra, ancien élève de l'Institut agronomique, dans une terre argilo-siliceuse un peu humide, mais très homogène, ayant une pente sensible et régulière, sur trois charrues tirées successivement par le même attelage de quatre bœufs nantais. Cette expérience a été entourée de toutes les précautions possibles, et aucun incident n'étant venu la troubler on peut dire que les résultats obtenus, pour chaque outil, sont bien comparables entr'eux. Le champ étant assez long, j'ai pu atteler chaque charrue au dynamomètre à deux mètres de distance de l'outil essayé, de manière à diminuer l'influence dirigeante des roues du chariot. Les trois instruments expérimentés étaient une charrue araire, une charrue à supports à roues inégales et un double-brabant à âge simple.

Dans le tableau ci-dessous, on a noté les efforts en descendant et en montant; bien que les différences aient été faibles, on a ramené tous les calculs à des largeurs et des profondeurs identiques.

TYPES DES CHARRUES		MOYENNE DES profondeurs	MOYENNE DES largeurs	Traction en kilogrammètres
Descente	Araire	24	33	255
	Charrue à supports	»	»	216
	Double-brabant	»	»	228
Montée	Araire	24	32	257
	Charrue à supports	»	»	291
	Double-brabant	»	»	293

Dans ces essais, les rapports de la profondeur à la largeur ont été déterminés suivant les conditions les plus favorables au retournement (1 de profondeur pour 1,40 de largeur); les coutres ont été réglés avec le plus grand soin, les versoirs polis par le travail de plusieurs raies et parfaitement dégagés de terre.

Les chiffres obtenus sont éloquents.

On voit en effet que dans la descente c'est l'araire qui a donné le plus de traction, et cependant il a très bien fonctionné, et était bien conduit; mais il était facile de voir que la tête, laissée libre à 2 mètres du dynamomètre, oscillait à chaque instant et continuait à donner des efforts variables sur la courbe tracée par le crayon. Au contraire à la montée, l'effort étant plus grand, la charrue déviait moins et l'araire était plus facile à conduire.

Quant aux deux autres charrues, elles ont donné à la montée plus de traction que l'araire, ce qui devait être, car lorsque le terrain s'élève la chaîne de tirage abaisse la tête de charrue, qui, pesant sur les roues, augmente leur adhérence au sol et par conséquent la traction. Il en résulte que lorsqu'on exécute des labours profonds et en pente, l'araire peut présenter de sérieux avantages au point de vue de l'effort de traction, tandis que les bonnes charrues à supports ou à avant-train doivent être préférées pour les labours légers et les terrains presque horizontaux, surtout dans les pays où les bons conducteurs sont rares.

L'effort de traction exigé par une charrue varie beaucoup avec la manière dont elle est réglée et conduite. Ce réglement a été déjà étudié pour chaque type, je n'en indique donc ici que les principes généraux. La position la plus favorable à la traction s'obtient par le régulateur et le point d'attache de la chaine d'attelage. On peut considérer que, dans un araire surtout (car les avant-trains modifient un peu l'équibre d'une charrue), le point d'application de toutes les résistances, se trouve aux deux tiers de la profondeur du labour, et aux deux tiers de la largeur de bande. Ce point d'application doit être sur une ligne droite, passant par le point d'attache de la chaine de traction sur le régulateur et la direction de la chaine d'attelage de deux bœufs au joug, ou de la résultante des efforts exercés par les chevaux sur leurs traits; mais dans un araire, si on est arrivé à trouver cette direction, il est difficile de maintenir longtemps la charrue dans cette position d'équilibre, par suite de la mobilité et de la sensibilité de l'outil, de telle sorte qu'il peut se faire, comme je l'ai déjà dit, qu'une charrue à avant-train, dont le corps est maintenu fixe sur l'âge, puisse donner, pour un même labour, une traction moindre qu'un araire, c'est lorsque le conducteur est arrivé à trouver le point exact où doit être arrêtée la chaîne de tirage sur le régulateur, pour obtenir la direction rectiligne de traction ; ce qu'il peut facilement constater, la charrue pouvant être abandonnée à elle-même lorsqu'elle suit cette direction. On n'a alors besoin que de constater, si la charrue, bien réglée comme marche, fonctionne à la profondeur et à la largeur désignées pour le labour à exécuter.

On peut dire que bien rarement les charretiers ont la patience et l'habitude de leur outil suffisantes, pour chercher et trouver dans les araires cette position théorique. La plupart du temps ils agissent sur les mancherons, qu'ils soulèvent ou abaissent brusquement à chaque instant pour ramener la charrue dans la position d'équilibre, position qui forcément est instable dans ces conditions, et l'outil marche par bonds, tantôt s'enfonçant, tantôt se relevant de la pointe. Ces soubresauts augmentent beaucoup la traction, et la profondeur du labour varie à chaque instant.

Lorsqu'on emploie des socs en fer ou en acier qu'on a fait recharger ou rebattre à la forge, il arrive souvent que des maréchaux de village ayant mal exécuté le travail, le soc n'a plus la même inclinaison ; il relève alors ou baisse trop sa pointe, il incline trop en dedans ou trop en dehors du labour. Il est bon de faire pour chaque charrue un gabarit du soc qui fonctionne bien, et d'examiner si ceux qui le remplacent répondent à ce gabarit. Enfin la plupart du temps la mauvaise marche d'une charrue dépend de la position du coutre et de son état ; ou bien il est trop court, et alors la muraille du labour n'est pas nette, ou bien il n'est pas assez aiguisé et augmente la traction, ou bien encore au lieu de pénétrer de 8 à 15 millimètres dans le plan de la muraille, il rentre en dedans, et ne soulage plus ni le soc ni le versoir.

A moins que l'on ne reprenne, tout d'un coup, une exploitation avec un matériel nouveau, il est rare qu'on ait à mettre en train à la fois et le même jour plusieurs charrues nouvellement achetées. Si donc, et c'est le cas le plus fréquent, on ne met en service qu'un outil à la fois, l'agriculteur ou le chef de culture doit assister à la mise en route de la charrue, la régler ou la faire régler devant lui à différentes profondeurs ou largeurs de bande, et noter sur un carnet spécial, avec le numéro de la charrue, les positions de la chaine d'attelage sur le régulateur. Ce carnet de matériel doit être une espèce de grand livre courant où chaque charrue a son compte ; il doit porter le prix de l'instrument, le nombre de pièces de rechange livrées avec l'appareil, le croquis coté des principales pièces travaillantes et le gabarit du ou des socs après essai.

Je sais bien que beaucoup de cultivateurs trouveront

ces détails puérils et cette comptabilité trop industrielle et commerciale. Il faut cependant que l'agriculteur qui réclame le crédit agricole, se rende compte qu'il ne trouvera des prêteurs, que s'il tient une comptabilité commerciale et industrielle, comptabilité matière et comptabilité financière. S'il emprunte il doit s'attendre, dans certaines circonstances, à être obligé de produire ses livres, et c'est en les tenant avec ordre qu'il disposera favorablement en cas d'enquête, qu'il se rendra compte de la situation de ses affaires et des moyens dont il dispose pour faire face aux remboursements.

III. **Moteurs**. — Le prix de revient des labours dépend aussi beaucoup du moteur employé et de son appropriation aux travaux exécutés. Il est donc bon d'étudier séparément chaque moteur.

Les moteurs employés aujourd'hui, tant pour les labours ordinaires que les défoncements, sont : 1° Le cheval ; 2° le bœuf ; 3° les appareils de labourage à vapeur à deux machines ; 4° les appareils de labourage à vapeur à une seule machine ; 5° et tout récemment les treuils à traction animale.

1° **Le Cheval**. — Il n'est pas facile d'établir le prix de revient de la journée d'un cheval, les conditions d'alimentation, de travail, de taille, de race n'étant pas les mêmes pour les différentes parties du territoire français. Dans les principaux ouvrages, traitant de la question, et en particulier dans celui de M. Hervé Mangon qui, avec l'esprit d'examen minutieux et scrupuleux caractérisant ses écrits, a recherché tous les éléments qui concourent à l'établissement des prix de revient, je crois qu'on a fixé trop bas ce prix de la journée de travail. Le cheval s'use vite. S'il est trop vif, il est sujet aux accidents; à moins de circonstances excessivement favorables, permettant d'exécuter des charrois en dehors des travaux agricoles, le cheval ne travaille qu'une partie de l'année, et le chiffre de 280 jours de travail adopté par M. Hervé Mangon me paraît trop élevé. D'ailleurs l'effet utile d'un cheval varie avec le mode d'attelage, le conducteur, la nature du travail. Pour les labours superficiels, les hersages et les roulages, le cheval léger rendra plus de service; un gros cheval de trait exécutera mieux les lourds charrois et les labours de 25 à 30 centimètres. Pour des labours plus profonds il faut des chevaux plus forts encore, moins vifs, et en général pour ces travaux le mulet doit être substitué au cheval. En faisant entrer en ligne de compte le prix journalier du cheval dans ces différentes conditions, les moyennes m'ont amené à adopter le prix de 5 francs pour la journée du cheval et le prix de 3 francs pour celle du conducteur.

On ne se rend généralement pas bien compte de l'allure du cheval dans les différents travaux. Si, à la herse et au rouleau, il est possible de le faire marcher plus vivement, ce résultat est rarement obtenu, les charretiers ayant pour habitude de laisser le cheval retomber à son allure normale de la charrue. C'est ce qui résulte des nombreuses expériences que j'ai faites. La vitesse des chevaux ne dépasse guère 09 centimètres par seconde pour les labours légers, 70 à 80 centimètres pour les labours de 25 à 30 centimètres de profondeur.

II. **Le Bœuf.** — Les bœufs employés aux travaux des champs, en France et en Algérie, sont de taille et de force bien différentes, suivant les contrées, et il est assez difficile d'établir un prix de revient uniforme. Le cultivateur devra donc dans une certaine mesure modifier le taux du prix de revient journalier, suivant la contrée où il se trouve. Il est certain aussi que la dépense d'entretien est plus grande dans les pays où le bœuf porte des fers aux pieds, mais l'animal non ferré fatigue plus et donne une moins grande somme de travail. En Algérie où les bœufs sont petits, et coûtent par conséquent moins cher, on soumet ces animaux, dans la période des défrichements, à des travaux tellement fatigants qu'ils sont vite hors de service et dans un état de délabrement tel, qu'il n'est plus possible de les engraisser pour la boucherie; l'amortissement journalier du prix d'achat de l'animal devient alors bien plus onéreux, ce qui remonte beaucoup le prix de la journée. Le mode d'attelage influe aussi sur le rendement de l'animal, mais il n'y a pas lieu de tenir compte, dans une étude générale, de systèmes exceptionnellement employés, le joug double étant resté le mode d'attelage presque universellement adopté. L'ensemble des expériences faites dans ces conditions donne un prix moyen de la journée du bœuf de 2 fr. 50.

Quant au travail produit par le bœuf, il varie aussi

avec la race, la taille et la conformation des animaux. Un des éléments principaux de l'établissement de ce travail est la vitesse normale de marche de l'animal. Les vitesses moyennes que j'ai notées dans les tableaux de prix de revient, sont le résultat d'une série d'expériences. A titre de renseignement complémentaire, j'ai relevé à Grand-Jouan, les vitesses de marche de quatre bœufs attelés successivement sur neuf charrues, soumises à des essais dynamométriques, dans un champ présentant une légère pente. Le tableau ci-dessous indique les différences de vitesses qui peuvent résulter de l'emploi de tel ou tel outil.

NOMS DES CONSTRUCTEURS de Charrues	Profondeur du Labour	Chemin parcouru par secondes		OBSERVATIONS
		en montant	en descendant	
Pillier et Guichard	0,23	0,58	0,61	
Garnier	0,25	0,63	0,65	
Araire Dombasle	0,23	0,63	0,70	
Charrue Bajac, à roues égales (ancien modèle).	0,25	0,67	0,75	
Charrue Bajac (nouveau modèle)	0,25	0,68	0,74	
Charrue Howard (type 1867)	0,25	0,69	0,73	
Charrue Brabant-double Bajac	0,26	0,55	0,74	
Charrue Durand	0,26	0,54	0,72	Coutres faussés.
Charrue Sacks	0,27	0,69	0,71	

Ces essais ont été faits avec des bœufs de race nantaise de forte taille et très vigoureux. En pratique, avec des animaux de force ordinaire, on n'obtient pas, en travail normal, des vitesses aussi considérables. On voit aussi par ce tableau l'influence exercée, pour un même labour, par la nature de la charrue employée.

L'état du sol modifie aussi le travail produit. Les chiffres donnés par cette expérience de Grand-Jouan, se rapportent à des charrues bien construites, mais déjà en service depuis plusieurs années.

3° **Labourage à vapeur à deux machines.** — Les seuls appareils, à deux machines routières, employés maintenant pour le labourage à vapeur, sont du système Fowler et exploités soit par la maison Fowler elle-même, soit par la maison Aveling et Porter. Dans ces appareils (fig. 47) la traction est obtenue par deux machines à vapeur automobiles M et M' dites routières, circulant sur les deux fourrières opposées du champ. Chacune de ces routières porte un tambour à axe vertical, sur lequel peut s'enrouler dans le plan horizontal un câble en fil d'acier allant d'une machine à l'autre. Quand la charrue est tirée par la machine M en partant de M', le tambour T de M enroule le câble C de traction de la charrue, le câble C' du tambour T' se déroule, et le mécanicien de M' avance sa machine sur la fourrière d'une quantité égale au double de la largeur de bande. Quand au contraire la charrue va de M vers M', c'est le câble C' qui s'enroule et C qui se déroule, et le mécanicien de M avance sa machine du double de la largeur de bande.

Les deux machines sont absolument semblables. Le cadre de cet ouvrage ne me permet pas d'en décrire le mécanisme ; deux parties seulement doivent parfaitement bien fonctionner et faire l'objet d'une surveillance et d'un entretien constants ; ce sont le guide enrouleur des câbles de traction et les freins. J'étudierai ces parties des appareils à vapeur, après avoir décrit la marche des systèmes les plus employés, et j'en discuterai les avantages et les inconvénients.

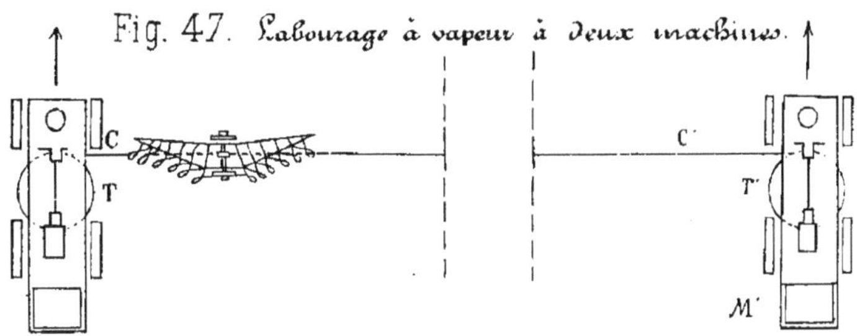

Fig. 47. Labourage à vapeur à deux machines.

Les appareils Fowler sont puissants et bien construits. La plus grande difficulté que l'on rencontre dans leur emploi, vient du poids considérable des machines motrices, poids qui tend à s'accroître pour les appareils de défoncement et de défrichement, exécutant aujourd'hui en Algérie et depuis quelque temps en Tunisie, d'énormes travaux en surmontant des difficultés inouïes; mais ce poids limite souvent le travail des appareils aux époques de sécheresse, et j'ai vu des machines qui, n'ayant pas été sorties des champs avant la saison des pluies, ont dû rester tout un hiver exposées aux intempéries; toutes les tentatives pour les sortir du terrain ayant échoué.

Au point de vue économique, le prix du système à deux moteurs est trop élevé, car les machines ne sont utilisées que pendant la moitié du temps, tout en consommant beaucoup plus de charbon que les appareils à une machine. L'avantage dans les travaux de défrichement très pénibles, c'est que la machine qui ne travaille pas peut s'alimenter en eau et reprendre la pression qu'elle a perdue. Mais malheureusement trop souvent dans les pays chauds, les mécaniciens pendant ce repos, causent fument ou dorment, sans s'inquiéter de leur machine, et se préoccuper de la mettre en bon état pour lui faire donner toute sa force, lorsqu'elle devra à nouveau tirer la charrue.

J'ai établi le prix de revient d'une journée de travail de ces appareils, par une série d'expériences personnelles, mais surtout pour des travaux de défoncement exécutés dans des pays un peu loin des centres, ce qui entraîne à une *surpaye* pour les ouvriers mécaniciens, et à des frais de transports supplémentaires pour les combustibles.

Prix de revient d'une journée de travail avec l'appareil Fowler à deux machines.

Un premier mécanicien chef d'atelier. . . .	8 »
Un mécanicien	5 »
Un laboureur.	4 »
Un aide.	3 »
A reporter. . . .	20 »

Report. . . .	20	»
Deux chevaux et un homme pour le transport de l'eau.	13	50
900 kilos de charbon à 35 fr. les 1,000 kilos.	31	50
Intérêt et amortissement à 15 0/0 l'an d'un capital de 50,000 francs, pour un appareil travaillant pendant 240 jours.	31	25
Usure du câble, réparations journalières, graisse, chiffons, etc.	10	»
Total de la dépense journalière. .	106	25

Quant aux surfaces labourées par ces appareils, elles sont loin d'être aussi considérables que celles indiquées par les constructeurs anglais et reproduites, de la meilleure foi du monde, par les différents auteurs qui ont traité la matière, et en particulier par M. Hervé-Mangon qui admet, en travail normal, la possibilité de labourer plus de 6 hectares avec une charrue à 5 socs, et jusqu'à 14 hectares avec un cultivateur à 7 dents. Pour travailler des surfaces aussi considérables, il faudrait faire marcher l'outil très vite ou lui faire prendre une très large bande. En pratique, on a reconnu qu'il est imprudent de dépasser la vitesse de 90 centimètres par seconde pour une charrue multiple, ce qui donne à peine 4 hectares en dix heures, en déduisant les pertes de temps aux changements de direction de la charrue.

Une autre cause de diminution de surface travaillée, vient de ce qu'on a généralement renoncé à employer des charrues faisant plus de 4 raies à la fois, par suite de la difficulté qu'on éprouve à régler, à la même profondeur, les socs d'une charrue composée d'un trop grand nombre de corps. Un autre grave inconvénient se produit, lorsqu'on donne une vitesse trop forte à la charrue, l'outil s'avance par saccades, et le câble, qui ne travaille pas, se déroule mal. On a, il est vrai, des freins pour obvier à cet inconvénient, (je dirai plus loin quelle est leur importance, et combien on doit apporter de soins dans leur construction) ; mais leur action est forcément limitée, aussi malgré le bon entretien des freins, si on les serre trop, on augmente la résistance et on fait trop talonner la charrue, si on ne les serre pas assez, le câble, en se déroulant brusquement, peut passer par dessus les joues des tambours.

Ces promesses exagérées de surfaces travaillées ont fait beaucoup de tort au labourage à vapeur. Des acquéreurs se fiant aux rendements promis ont été fort désappointés des résultats obtenus, et sans se rendre compte du prix de revient du travail, ont abandonné leurs appareils au premier accroc.

4° Appareils à une seule machine. — Les types d'appareils à une seule machine sont nombreux : a Appareils où la machine motrice reste fixe sur un point du champ ; *b* Appareils où la machine se déplace sur la fourrière. Je ne citerai que quelques systèmes fonctionnant couramment.

a. Les appareils à une seule machine fixe, ont pour point de départ l'appareil Howard à deux ancres automotrices, dit Roundabout, dont je me suis servi. Un appareil de ce type est employé par M. Pinaud, de Moulins. Je désapprouve ce système pour les labours, parce que l'installation du chantier est longue et coûteuse et la surveillance difficile, mais il peut trouver son application pour les défoncements à de grandes profondeurs dans des terrains difficiles, où l'on est obligé de faire marcher l'outil à une faible vitesse ; j'indiquerai, lorsque je traiterai la question des treuils à manège, un système mixte installé sur le principe de l'appareil Roundabout.

b. Les appareils à une seule machine, se déplaçant sur une des fourrières du champ parallèlement à un chariot-ancre de renvoi, sont actionnés les uns par une machine routière, les autres par une locomobile ordinaire.

Appareil Howard. — Parmi les premiers il y avait deux types, construits en Angleterre, le type Fowler abandonné par son inventeur ,et le type Howard qui fonctionne très bien et est encore beaucoup employé. La routière motrice de ce dernier appareil ressemble à la routière Fowler, mais les tambours du treuil sont à axe horizontal, avec poulies de renvoi placées sous la chaudière de la machine. Cet appareil (fig. 48) fonctionne très bien.

La routière L est placée sur une des fourrières M N du champ ; à 100 mètres en avant environ se trouvent, une poulie à gorge *p* retenue par un ancre *a* ; sur la fourrière R S opposée, en face de la machine L, un chariot-ancre automoteur, (que je décrirai dans un chapitre spécial aux appareils de renvoi), portant à son milieu une poulie P; sur la même fourrière, à 100 mètres environ en avant, une autre poulie p' retenue par un ancre a'. La charrue étant en D, on attache à l'arrière le câble C', qui passe sur une poulie placée sous la routière et est enroulé sur T' et à l'avant le câble C qui passe sur P, puis sur p', puis sur p, et enfin vient s'enrouler sur T. Généralement on place un ou deux porte-câbles r r' entre p et p'. La marche de l'appareil est la même que celle du suivant.

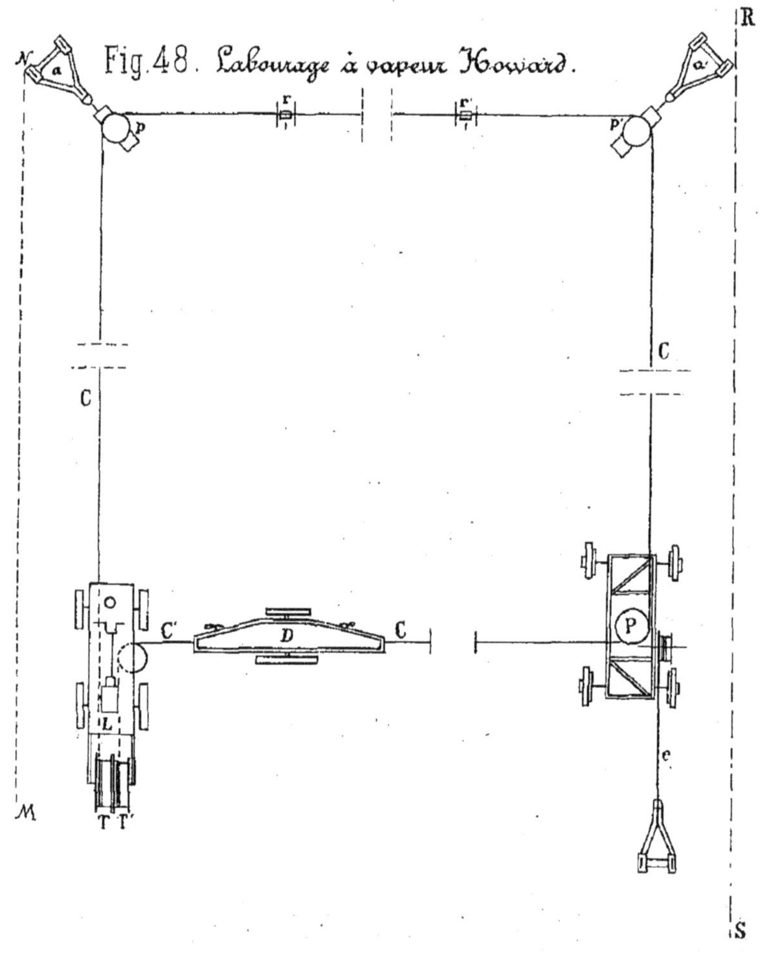

Fig. 48. Labourage à vapeur Howard.

Appareil mu par une locomobile. — Comme la routière est une machine un peu lourde, et, qui ne trouve pas toujours son emploi dans une exploitation, j'ai eu l'idée, en 1878, de me servir d'une locomobile de ferme, au lieu et place de la routière, ce qui m'a entraîné à modifier complètement le système Howard.

Dans mes appareils, le chariot qui porte les tambours d'enroulement, est indépendant du moteur. Ce chariot, dit *treuil-tender*, se place derrière la locomobile L et s'y relie à l'aide d'une armature en fer qui entoure le foyer; ce treuil-tender se compose d'un chariot portant, une soute à charbon, un bac à eau, une plate forme et trois tambours à axes horizontaux. Le mouvement de la machine est communiqué au treuil-tender, à l'aide d'une courroie (fig. 50). Sur le tender est une poulie à gorge que l'on peut élever ou abaisser au moyen d'un levier; cette poulie sert à tendre la courroie et à l'empêcher de tomber lorsque la machine suit une ligne sinueuse ou ondulée. Le treuil-tender porte un appareil directeur à l'arrière, pour permettre de rectifier la direction dans la marche en avant ou en arrière. L'enroulement régulier des câbles est assuré par un système particulier que je décrirai plus loin.

Voici comment l'appareil (fig. 49) est disposé sur le terrain; sur la même fourrière M N que la locomobile se placent, à 100 mètres en avant, une poulie *p* maintenue par deux ancres *a a*, sur l'autre fourrière une ancre automotrice portant trois poulies semblables P. Le câble

C du premier tambour T, passe sur un rouleau placé à l'avant de la machine, puis sur la poulie *p*, enfin sur les poulies P de l'ancre automotrice et vient s'attacher à la charrue D. Le câble C' du deuxième tambour passe sur une poulie placée sous le tender et s'attache à l'arrière de la charrue D. Enfin le câble *c* enroulé sur le tambour du milieu *t* vient s'attacher aux ancres qui retiennent la poulie *p*. Il sert à l'avancement du treuil et de la locomobile ; il a un plus petit diamètre, afin que l'avancement soit plus lent et exige moins d'effort. Le tambour T peut enrouler 750 à 800 mètres de câble, le tambour T' 400 mètres, *t* 100 mètres environ.

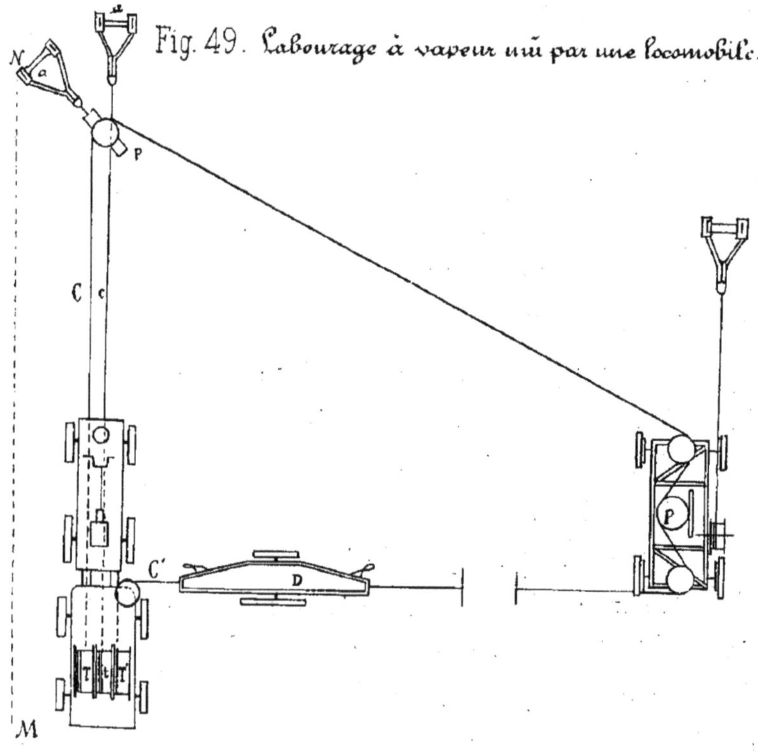

Fig. 49. Labourage à vapeur mû par une locomobile.

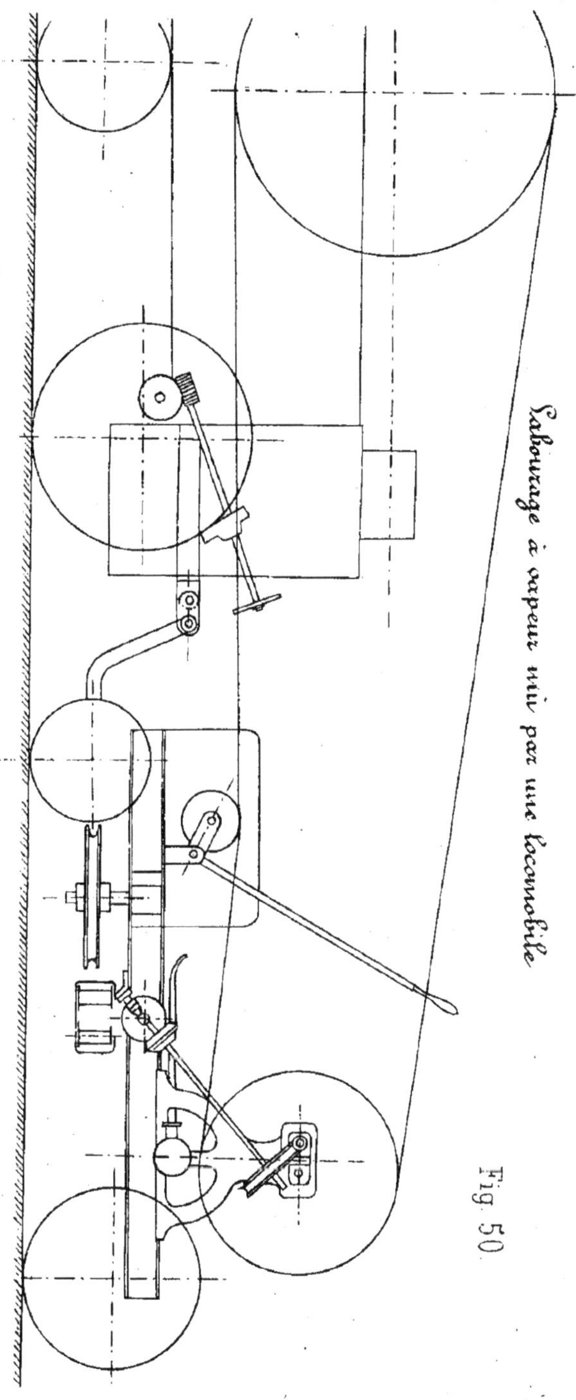

Labourage à vapeur mû par une locomobile

Fig. 50

Lorsque l'appareil est en travail, la charrue se trouve tirée alternativement sur la machine et sur l'ancre automotrice, puis l'ancre automotrice et la machine s'avancent simultanément; le premier avancement est réglé d'avance au double de la largeur de bande, à l'aide d'une disposition spéciale dans le mécanisme de l'ancre; quant au second mouvement, il est produit par le chauffeur suivant les besoins.

Les prix de ce dernier appareil et de celui de M. Howard complets, avec ancre automotrice, poulies, charrue-défonçeuse, câbles, etc... sont d'environ 28 à 30,000 francs. C'est sur cette valeur d'achat, que je me baserai pour établir la dépense journalière qui peut se décomposer ainsi :

Un mécanicien.	8 fr.
Un laboureur	4 »
Un aide.	3 »
Un cheval et un homme pour l'eau.	8 50
400 kilogrammes de charbon à 35 francs les 1000 kilog.	14 »
Intérêt et amortissement à 15 0/0 l'an de l'appareil, estimé à 30,000 francs pendant 240 jours de travail.	18 75
Huile, graisse et chiffons.	5 »
Usure du câble, réparations, imprévu . . .	8 75
Total du prix de revient de la journée. .	70 fr.

Les charrues conduites par ces appareils, pour bien fonctionner, ne doivent pas marcher avec une trop grande vitesse, soit de 0ᵐ80 par seconde pour les labours ordinaires, 0ᵐ70 à 0ᵐ50 pour les défoncements. En augmentant la vitesse, on donne des secousses qui font sauter les câbles des poulies ou chasser les ancres ; on fait avancer la charrue par bonds et le travail n'est pas bien fait. En allant à une allure moindre on obtient un labour plus régulier, et par suite de cette régularité, on évite les accidents, de telle sorte que, tout compte fait, on exécute autant de besogne.

Ces deux systèmes obligent à laisser trainer les câbles sur le sol, souvent pendant 3 à 400 mètres ce qui occasionne un frottement correspondant à un supplément d'efforts d'environ 50 kilogrammètres par 100 mètres. Il importe donc beaucoup pour réduire l'usure du câble et diminuer le travail perdu, de placer ce câble sur des supports munis de poulies convenablement disposées.

Les porte-câbles employés par les maisons Fowler et Howard (fig. 51) sont des petits chariots sur deux ou trois roues, supportant le cadre en fer ou en fonte d'une

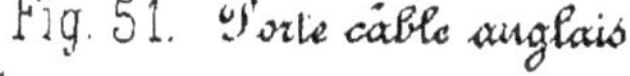
Fig. 51. Porte câble anglais

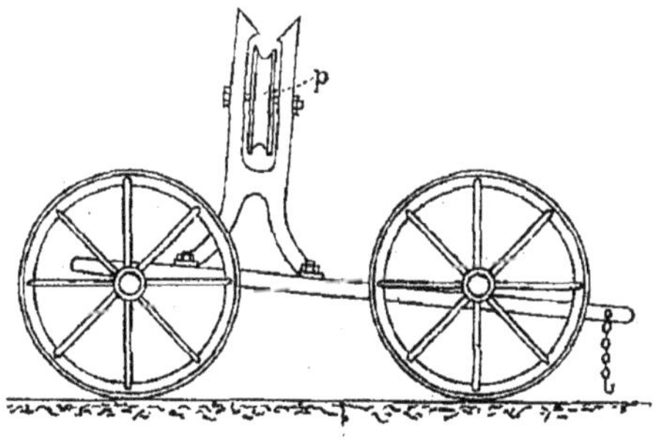

poulie à gorge *p*. Ces porte-câbles tombaient souvent et étaient sciés par le câble ; il fallait les enlever chaque fois qu'on reculait les poulies, pour embrasser une nouvelle étendue de terrain.

Un porte-câble plus pratique est celui (fig. 52) que je vais décrire. C'est un petit chariot en fer à trois roues supportant un bâti dont la tête est formée d'un chassis portant quatre rouleaux à gorge identiques. Deux de ces rouleaux *r r* sont à axes verticaux, deux autres *r' r'* à axes horizontaux ; les gorges sont disposées de telle façon

Fig. 52. Porte câble-mobile.

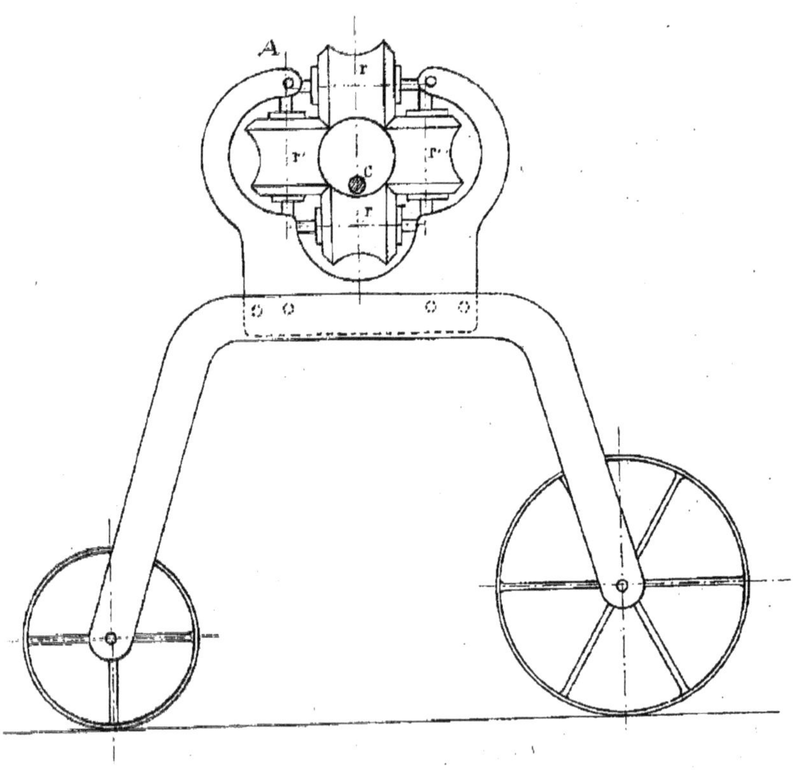

que la juxtaposition des quatre rouleaux forme un cercle complet ; ce qui donne un frottement de roulement dans tous les sens et dans toutes les positions. L'axe horizontal du rouleau supérieur peut pivoter autour de l'axe A pour permettre d'introduire le câble C qui, dans quelque position qu'il soit tiré, trouve toujours un rouleau sur lequel il peut s'appuyer ; ce porte-câble se déplace aussi de lui-même sur le sol, lorsque les câbles changent de direction.

Lorsqu'on veut maintenir le câble, soit à la sortie de la locomobile, soit très près du treuil, il y a un autre moyen de le soutenir en le soumettant à un frottement de roulement dans tous les sens. Ce moyen consiste (fig. 53) à le faire passer entre quatre rouleaux, deux

Porte câble fixe. Fig. 53

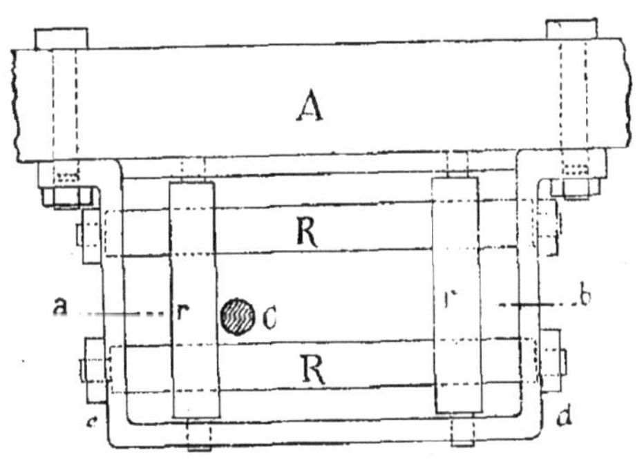

Coupe horizontale suivant a.b.

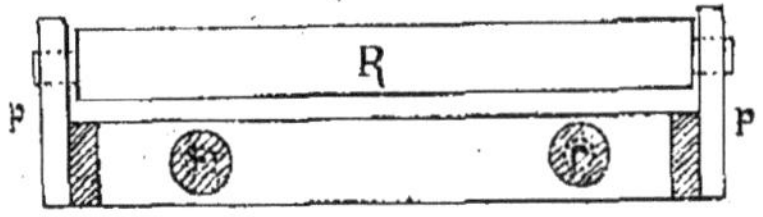

rouleaux horizontaux R R et deux verticaux *r r*; *r r* tournent dans des tourillons logés à la partie inférieure et à la partie supérieure du cadre *c d* qui peut se fixer sur l'avant-train A d'une locomobile par exemple. R R tournent dans quatre pièces semblables horizontales *p*, boulonnées en arrière sur le cadre *e d*. On place le câble C dans l'espace laissé entre les rouleaux et dans cette position, qu'il s'appuie en haut, en bas, à gauche ou à droite, il trouve toujours une surface tournante.

Poulies de renvoi et Ancres. — Les renvois du câble qui entourent le champ, se font dans les deux appareils à une seule machine, que je viens de décrire au moyen de poulies à gorge P maintenues par des ancres ou des traverses. Ces poulies à gorge, doivent être solidement maintenues sur leurs axes et d'un diamètre suffisant pour ne pas briser les câbles. La poulie P représentée (fig. 54) de $0^{m}85$ de diamètre, munie d'une gorge de $0^{m}06$ de profondeur, tourne autour d'un axe A légèrement conique de $0^{m}055$ de diamètre moyen. Cet axe A s'appuie sur une plaque en fer *q r*, encastrée avec une légère inclinaison de *r* vers *q*, et traverse une pièce de bois de chêne de $0^{m}50$ de large $1^{m}10$ de long et $0^{m}08$ d'épaisseur, consolidée sur les côtés par deux plaques *f f'* maintenues entre elles par deux longs boulons *p p'*; A est fixé en dessous de B par un écrou e serrant en même temps une pièce en fer plat de $0^{m}06$ de large *c c'*. Cette pièce *c c'* se relève par une partie ronde *c'*, à la hauteur de la partie supérieure de A, dans laquelle se loge une autre pièce *d* termi-

Fig. 54. Ancre et Poulie de renvoi

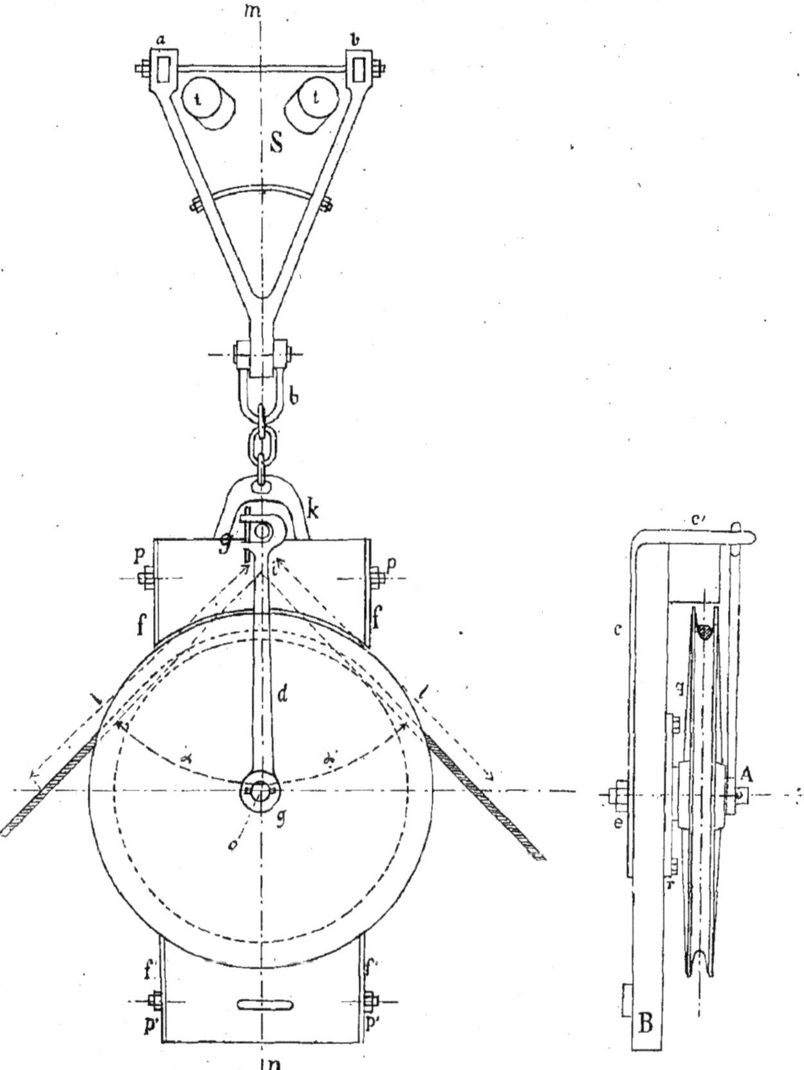

née en fourche du côté de c' pour l'embrasser, et pouvant de l'autre côté s'encastrer en A; une goupille g la maintient sur A. une autre g' la maintient sur d; d peut tourner autour de A pour permettre d'enlever la poulie et de placer les câbles. Cette pièce est indispensable pour maintenir la tête de A, qui tend à s'abaisser sous l'effort de tirage. A l'arrière du côté de c' on fixe solidement une pièce k'. Dans cette pièce est ménagée une ouverture, dans laquelle peut passer la bride b, qui sert à attacher la chaîne reliant la poulie à l'arrière S. Un morceau de bois i de 0^{m}05 d'épaisseur, fixé sur le dessous de B et en avant, sert à soulever la poulie de manière à l'empêcher encore de s'infléchir sous l'effort de traction, et à protéger l'écrou e dans le transport de la poulie sur les différentes parties du champ.

Ces poulies à gorge sont retenues par des ancres en acier S S, qu'il est très important de fixer solidement. Ces ancres doivent être enfoncées dans la terre, jusqu'à ce que les pieds soient noyés dans le sol, et chacun des pieds doit être maintenu par des pieux ferrés croisés t t; quelquefois il faut mettre deux ancres (fig. 4) au lieu d'une. La direction de l'ancre est très importante, la ligne m n, qui passe par le point d'attache de la poulie sur l'ancre et le milieu de la branche a b arrière de cette ancre, doit former deux angles égaux $\alpha = \alpha'$ avec les directions du câble, qui passe sur les poulies. Afin que les ouvriers trouvent facilement cette direction, on leur donne un bâton d'une longueur de 2^{m}50 par exemple qu'ils placent en i, point de jonction des deux directions des câbles ; ils joignent les extrémités de $l\ l$, longueurs portées avec une corde dont ils prennent la moitié o ; ce qui leur donne, en visant de o, la direction $o\ i\ m$ cherchée. Ce procédé est applicable à tous les systèmes de renvoi de poulie ; car lorsqu'on emploie des madriers retenus par des pieux pour maintenir les poulies, l'axe longitudinal du madrier doit être placé perpendiculairement à la direction $m\ n$.

Pour enlever les pieux des ancres et soulever les roues des chariots-ancres, il est nécessaire de disposer d'un levier simple, facile à manier et à installer, et pouvant trouver un point d'appui même sur la terre détrempée. L'instrument indiqué (fig. 55) répond bien à ces conditions. Un levier L en bois, de 2^m à 2^m50 de long, terminé par une pièce en fer a recourbée et percée d'un trou,

Fig. 55 Levier

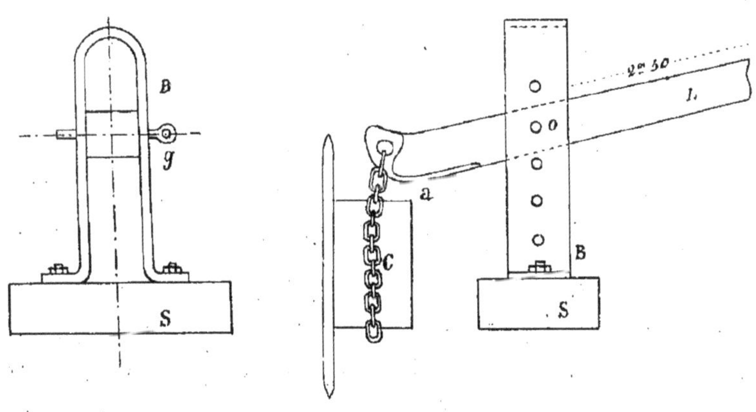

embrassant L, au-dessous de laquelle est fixée une chaîne double *c*, terminée par des crochets, peut être fixé par une goupille à la hauteur qu'on veut, entre les branches d'une pièce B en fer plat, reposant sur une semelle S. En embrassant avec la chaîne *c* l'objet à soulever, le levier L étant fixé en *o* par *g* à la hauteur voulue, un homme peut facilement enlever des pièces assez lourdes, souvent plus aisément qu'avec un cric qu'on ne sait où placer pour lui donner de la prise.

Guide enrouleur de câble. — Une question dont on ne se préoccupe pas assez, dans les nouveaux treuils de traction pour défoncement, est celle de l'enroulement régulier des câbles sur les tambours. Il est indispensable de forcer chaque tour de câble à venir se placer à côté de l'autre sur le tambour, car si les câbles ne sont pas maintenus, les torons se mêlent, s'enchevêtrent les uns dans les autres, en provoquant des aplatissements et des torsions qui en amènent rapidement la destruction.

Le problême de l'enroulement du câble est difficile à résoudre pour les tambours à axes verticaux. La solution donnée par M. Fowler dans ses appareils de labourage à vapeur est fort ingénieuse. Dans ses machines (fig. 56), le câble, en sortant du tambour, passe entre deux poulies à gorge *e e* montées sur un bras en fer *f*, qui peut s'incliner plus ou moins dans le plan horizontal ; ce bras doit recevoir du moteur un mouvement tel que les poulies directrices fassent enrouler le câble sur le tambour en hélices régulières, dont toutes les spires se trouvent parfaitement en contact. Ces poulies *e e* doivent donc être animées, dans le sens vertical, d'un mouvement très lent et régulier, tel qu'à chaque tour du tambour le câble se déplace verticalement d'une quantité égale à son épaisseur. Quand le câble arrive à toucher les joues supérieure ou inférieure du tambour, le mouvement de *e e* doit changer de sens pour former une nouvelle couche de torons superposés aux précédents. Dans le *Guide Fowler*, ce mouvement est obtenu au moyen d'une courbe directrice héliçoïdale, montée sur le même arbre que le tambour de la manière suivante : le tambour T et le mécanisme du guide enrouleur sont supportés par un axe A, et peuvent être détachés de la machine, lorsqu'on a besoin de réparer certaines pièces, tout le système étant boulonné sur une forte plaque rivée sous la chaudière. Le levier *f*, qui porte les poulies *e e*, tourne autour du centre *g*, porté par les pièces *g h k* mobiles sur l'extrémité inférieure de l'axe A. Le mouve-

Fig. 56. Guide enrouleur de Fowler

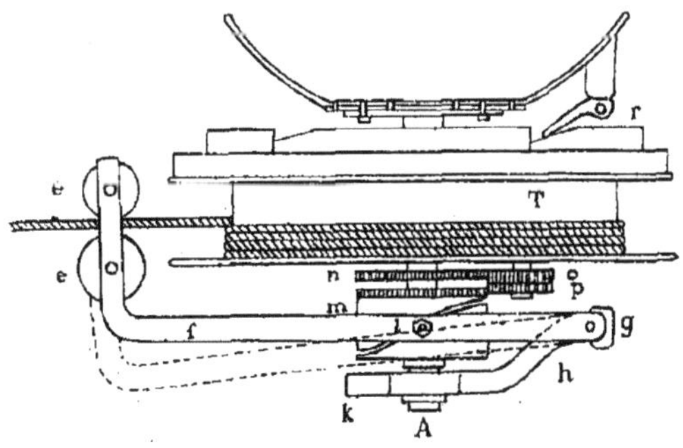

ment vertical de l'extrémité du bras qui porte les poulies directrices, lui est communiqué par un prisonnier l engagé dans une rainure héliçoïdale, pratiquée à la surface d'un manchon cylindrique, tournant librement sur l'arbre A. La roue dentée m est fixée sur le manchon à hélice, et la roue n sur l'arbre fixe A, ces deux roues ont le même nombre de dents et engrènent avec un double pignon o p, fondu en un seul morceau.

Le pignon supérieur o a une dent de plus que le pignon inférieur p. Ce double pignon est porté par un axe vertical, fixé au tambour du treuil, de sorte que, pendant la rotation du tambour, le double pignon tourne sans cesse autour de deux roues m et n ; quand il a fait un tour sur son axe, la roue m et par conséquent le manchon à hélice ont tourné de l'intervalle d'une dent. Le prisonnier l s'est donc élevé ou abaissé d'une quantité correspondante égale à l'épaisseur du câble. La courbe héliçoïdale imprime un mouvement de haut en bas aux poulies directrices e e, pendant la durée d'une demi révolution du manchon sur lequel elle est tracée, et un mouvement de bas en haut pendant la demi révolution suivante. La position du tambour sous la machine, entraine un trop grand abaissement du mécanisme de ce guide enrouleur qui, dans la saison des pluies, porte à terre, et ne fonctionne plus ou se brise. L'enroulement du câble dans le plan horizontal produit aussi cet effet que son poids, dans la période ascendante, s'oppose à un enroulement régulier, forçant sur les supports, qui sont rapidement mis hors de service ou détruits par le grippement. La moindre négligence du mécanicien peut entrainer une rupture des rouleaux et causer des avaries, qui arrêtent le travail et exigent des réparations difficiles et coûteuses.

Dans les appareils où les tambours de treuil sont à axes horizontaux, le problème est plus facile à résoudre, et j'ai inventé pour ces tambours un guide enrouleur très simple, qui a toujours bien fonctionné. L'organe principal de ce guide enrouleur (fig. 57) est un arbre V, dans lequel sont creusés, en face de chaque tambour de treuil, des vis filetées dans les deux sens. Au-dessus de cet arbre et parallèlement à lui, sont disposées deux tiges cylindriques G, servant de glissière à un chassis M, qui

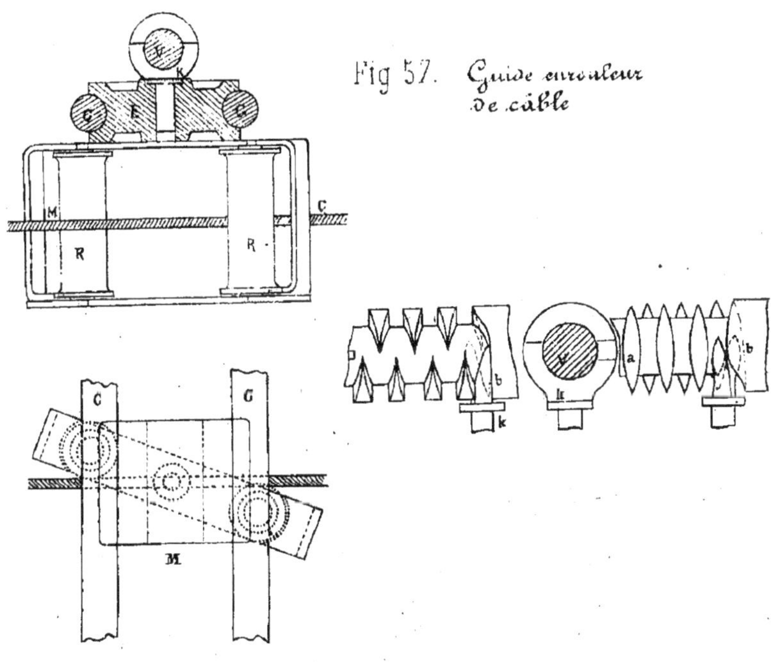

Fig 57. Guide enrouleur de câble

porte entre ses branches deux rouleaux en acier R R, et à sa partie supérieure un croissant en bronze K. Ce croissant pivote librement dans une pièce E, traversée par les deux tiges G sur lesquelles elle peut glisser. Il remplit donc dans ce cas le rôle d'un écrou ; il s'avance suivant la direction du filet de la vis qui l'entraîne, conduisant avec lui la pièce E et les rouleaux R R, entre lesquels passe le câble *c*. Ces deux rouleaux R R ne laissent entre eux, sur un plan vertical perpendiculaire à la direction du câble qu'une distance égale à l'épaisseur de ce câble ; mais ils ont plus d'écartement dans les autres directions, afin de permettre aux inégalités d'épaisseur du câble provenant d'épissures de passer sans arracher les rouleaux.

Ce guide câble fonctionne de la manière suivante : supposons l'appareil mis en mouvement, lorsque le croissant K est en *a*. Le pas de cette vis et sa vitesse sont calculés de manière que le guide M avance à chaque tour de tambour d'une quantité égale à l'épaisseur du câble. Lorsque le croissant K s'est avancé de *a* en *b*, il vient alors buter contre le rebord *b* de la vis V, c'est-à-dire sur la partie où s'arrête le filet. Cette rencontre le fait pivoter sur lui-même et pénétrer dans l'autre filet de la vis. Il suit alors une direction inverse entraînant la pièce M, solidaire de son mouvement, et le câble s'enroule sur le tambour T de *b* vers *a*. A l'extrémité de la partie filetée, il rencontre encore la saillie de l'arbre, qui le fait à nouveau osciller sur lui-même, pour s'engager dans l'autre filet de la vis, et ainsi de suite jusqu'à l'enroulement complet du câble sur le treuil T. Lorsqu'il se produit du jeu, il suffit de remplacer le croissant K qui est en bronze et s'use plus vite que la vis V qui est en acier.

Freins. — Enfin le complément indispensable d'un appareil de labourage à vapeur est une bonne disposition, sur les tambours, des freins qui doivent maintenir par un serrage modéré mais régulier, le déroulement sans secousses du câble qui ne travaille pas, et au contraire ne pas agir lorsque le câble s'enroule sur le tambour. Le mauvais état des freins est une des principales causes d'accidents dans le fonctionnement des appareils de labourage à vapeur.

Les treuils du système Fowler à deux machines portent un frein circulaire, du genre de celui que je vais décrire agissant dans le sens voulu par l'action d'un cliquet *r* (fig. 56). Sa position dans le plan horizontal a le grave inconvénient d'en faire le receptacle de toutes les graisses, huiles, etc., ce qui le fait glisser et l'empêche d'agir au bout de quelque temps de marche. Le frein d'Howard est composé d'un huitième de cercle environ, muni de cuir, sur lequel repose le tambour de treuil excentré lorsqu'il est débrayé. Ce frein n'est pas assez puissant, et je préfère le système suivant que j'indique pour un tambour à axe horizontal, mais dont on peut facilement modifier la position pour un tambour à axe vertical.

Il se compose (fig. 58) d'un fer plat circulaire *e*, terminé par deux montants retournés d'équerre *n*, portant

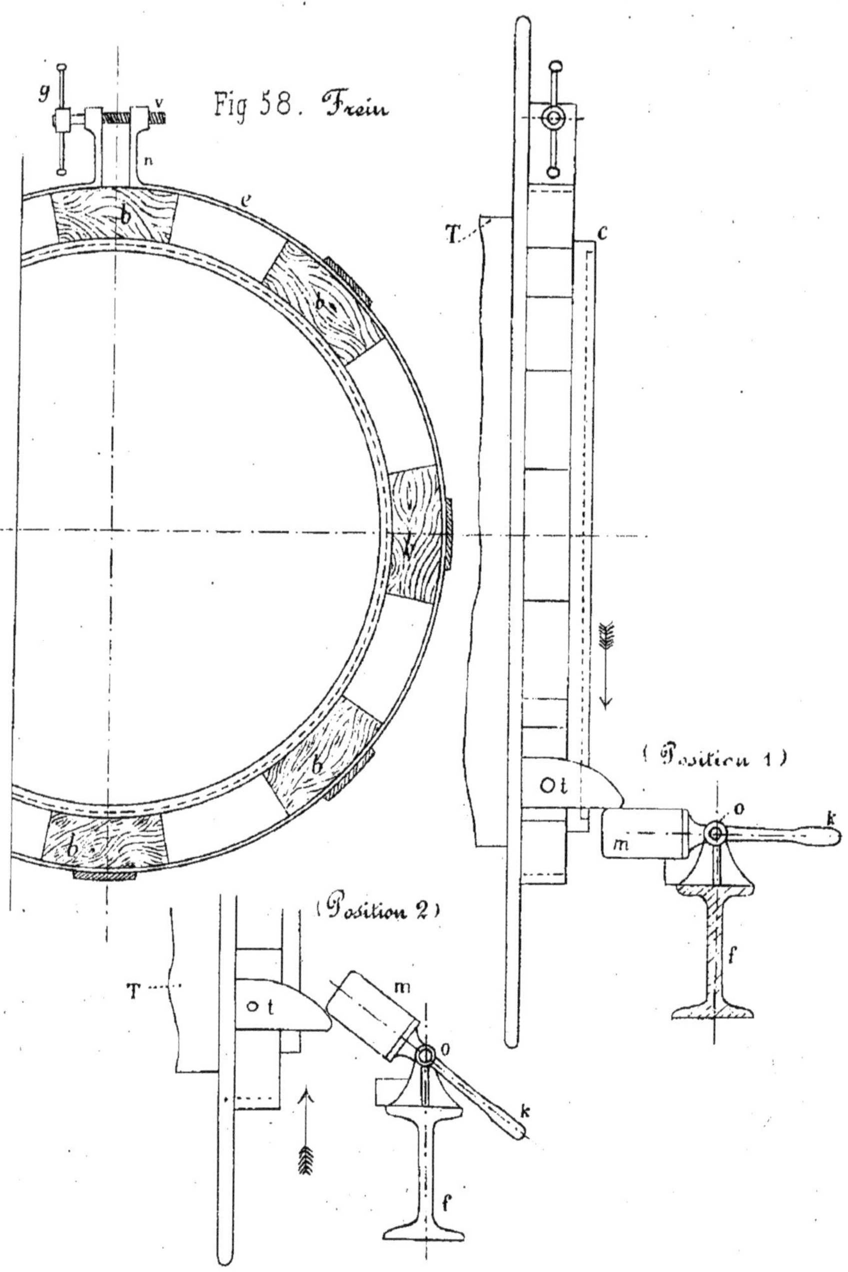
Fig 58. Frein
g
v
n
b
e
T
c
(Position 1)
Ot
o
k
m
f
(Position 2)
T
o t
m
o
k
f

un renflement fileté à la partie supérieure, dans lequel passe une vis *v*, serrée par un fer rond *g*, lorsqu'on veut rendre le frein plus actif. Ce fer plat *e* porte à son pourtour intérieur des bois *b* et, à son pourtour extérieur, des taquets *t* plats d'un côté, arrondis de l'autre. Les bois *b* reposent sur un cercle *c*, muni d'un rebord fixé sur le tambour T ou venu de fonte avec lui, sur lequel s'exerce la pression des bois *b* du frein. Ceci posé, lorsque le tambour T va dans le sens de la flèche, c'est-à-dire déroule le câble, un des taquets *t* butte contre la masse *m*, retenue sur un bourrelet en fonte fixé sur le fer *f* du bâti de l'appareil, et le frein agit (position 1). Si au contraire le tambour T tourne dans l'autre sens et tire la charrue, un des taquets *t* présente sa partie courbe, soulève *m* qui tourne autour de *o*, et le frein n'agit pas (position 2). Un levier *k* permet de soulever *m*, lorsqu'on veut l'empêcher de fonctionner, par exemple pour tirer à la main une certaine longueur de câble. La manœuvre de ce frein est très simple et sa position le met à l'abri des chutes de corps étrangers.

Treuil de labourage à vapeur système Boulet. — Lorsqu'on ne veut exécuter que des défoncements à grande profondeur avec une faible vitesse de l'outil, on peut se servir d'un treuil très simple et bon marché inventé et construit par M. Boulet. Ce chariot-treuil porte aussi, comme les appareils Howard deux tambours de traction et peut être actionné par une locomobile de 6 à 7 chevaux, tandis que les autres appareils décrits exigent des machines de 8 à 12 chevaux.

Le chariot K porte-treuil (fig. 59) est composé d'un bâti en tôle monté sur six galets et portant le mécanisme du treuil proprement dit. Il se place sous la locomobile L, entre les roues de laquelle il se fixe en butant contre son essieu d'avant-train. Il forme ainsi avec la locomobile une masse solidaire qui résiste aux tractions les plus violentes.

La commande du treuil est faite par une courroie V; on peut à volonté débrayer le treuil en repoussant au moyen d'une fourchette la courroie sur une poulie folle *f*. Deux tambours T T fous sur l'arbre peuvent alternativement être mis en mouvement au moyen d'un manchon à griffes calé sur l'arbre. Le câble de traction de la charrue s'enroule sur le tambour qui commande, pendant que l'autre, qui est débrayé, laisse le câble se dérouler derrière la charrue D. Un frein puissant à sabot de bois, régularise le déroulement du câble.

Le câble C passe à l'extrémité du champ que l'on veut défoncer sur une poulie de retour ou sur un chariot ancre A. Dans le cas de la poulie de retour, celle-ci est accrochée à une chaîne de 20 ou 25 mètres maintenue par deux solides piquets, et on la déplace toutes les deux raies. Lorsqu'on emploie le chariot ancre A le déplacement à chaque raie devient inutile; les chariots de ce genre seront décrits plus loin.

Pour faciliter l'avancement de tout le système, on fait rouler la machine et le treuil sur une voie constituée par des fers à plancher. Cet avancement est alors obtenu sans difficulté par un système très simple : on enroule

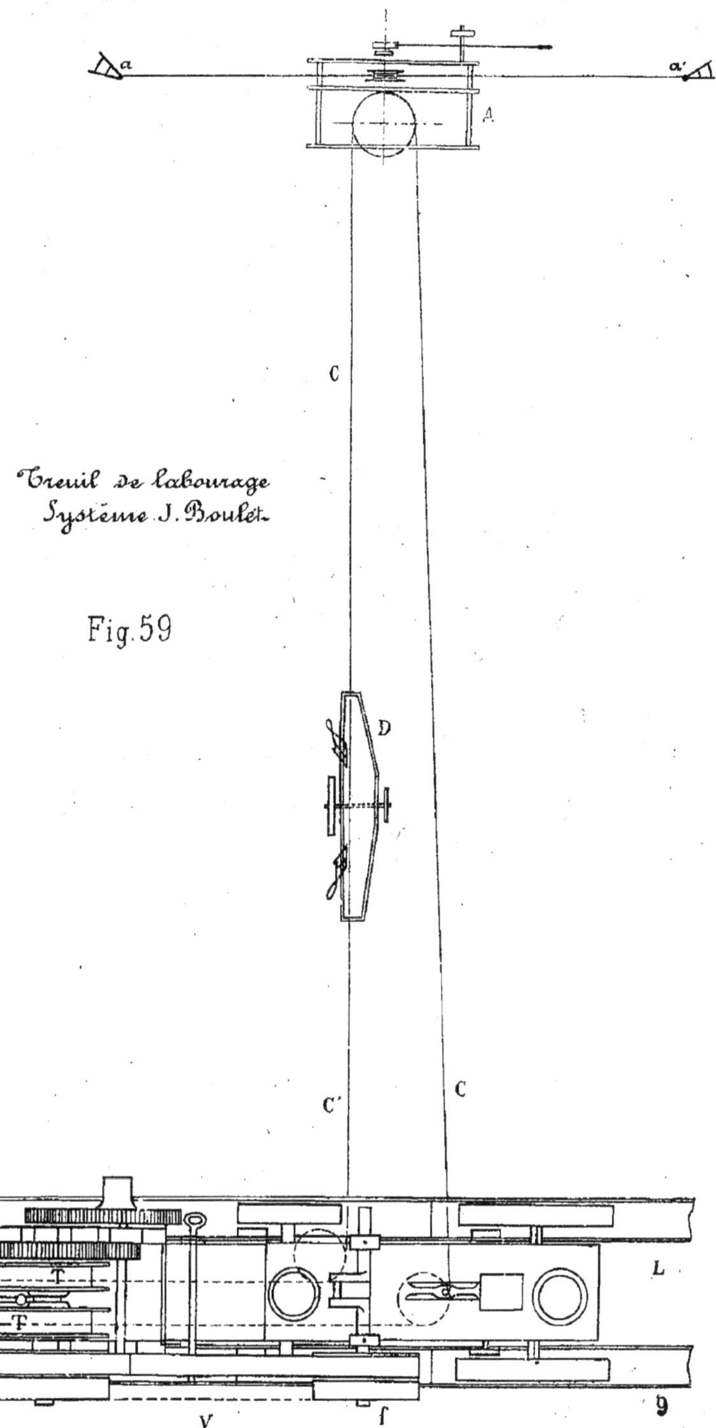

Treuil de labourage
Système J. Boulet.

Fig. 59

un câble en chanvre sur une poupée montée sur le côté du treuil ; on fixe ce câble à un pieu ou à une ancre selon la résistance du terrain, et le matériel avance sans effort. On fait cet avancement toutes les deux raies, pendant que la charrue est basculée à l'extrémité du côté de l'ancrage ; il n'y ainsi aucun temps perdu.

Pour le transport du treuil, on le monte sur un essieu muni de deux roues, et on y installe un brancard qui permet d'y atteler un ou deux chevaux.

Le chariot porte-treuil coûte 2,400 francs sans accessoires, et l'appareil complet avec locomobile, ancres, câbles, poulies, etc., revient de 11 à 13,000 francs, selon la longueur du câble et le mode d'ancrage employé.

Le prix d'une journée de travail peut se décomposer ainsi :

Un mécanicien.	8 »
Un laboureur.	4 »
Un aide.	3 »
Un cheval et un homme pour l'eau.	8 50
300 kilog. de charbon à 35 fr. les 1,000 kil.	10 50
Intérêt et amortissement à 15 0/0 par an de l'appareil estimé à 12,000 francs pendant 240 jours de travail.	7 50
Huile, graisse et chiffons.	3 50
Usure du câble, réparations imprévues. . .	5 »
Total du prix de revient de la journée. . .	50 fr.

La défonçeuse marche à une vitesse environ de $0^{m}40$ par seconde.

Chariots-ancres de renvoi. — L'organe essentiel et délicat des appareils de labourage à vapeur à une machine, est celui destiné à supporter et renvoyer le câble qui, partant du treuil, traverse le champ, passe sur une poulie et sert à conduire la charrue de la machine vers la fourrière du champ opposée au moteur. L'emploi d'une poulie à plateau, retenue par une ou deux ancres, exige trop de main-d'œuvre et n'offre aucune garantie de stabilité. La poulie de renvoi doit être placée sur un chariot pouvant se déplacer au fur et à mesure de l'avancement du labour, et résister au ripage que peut entraîner l'énorme effort de traction. Ces chariots doivent s'avancer, à chaque aller et retour de la charrue, d'une quantité égale au double de la largeur de bande ; ils doivent aussi pouvoir se diriger pour suivre les sinuosités que peut présenter la fourrière. L'avancement peut se produire automatiquement, c'est-à-dire par un mouvement résultant de la marche de l'appareil, ou s'effectuer à l'aide d'un mécanisme actionné par un ouvrier spécial au moment convenable. De là, deux catégories de chariots-ancres. Parmi les premiers, je citerai : 1° l'ancre automotrice d'Howard ; 2° l'ancre dite à mouvement rationnel ; dans la seconde catégorie, le chariot-ancre Debains.

Ancre automotrice Howard. — Cet appareil (fig. 60), qui se place sur la fourrière du champ opposée à celle occupée par la machine, se compose de quatre roues R, derrière lesquelles se trouvent des disques coupants S en acier ; les roues servent au transport de l'appareil amené sur le champ par des chevaux attelés à un brancard. On enlève les roues, quand l'appareil est en place sur le champ à labourer, et alors les disques S s'enfonçent profondément dans le sol et empêchent l'entraînement de l'appareil sous l'effort de traction. Sur ces quatre roues repose un bâti en fers cornières, qui porte sur des entretoises reliant ces fers cornières, un axe vertical où vient se fixer la poulie à gorge P, qui reçoit le câble de traction ramenant la charrue de la machine vers l'ancre automotrice. Sur le côté opposé au champ à labourer, extérieurement aux fers cornières, est placé un tambour *t* à axe horizontal, autour duquel est enroulé un câble *c*, fixé à 50^{m} en arrière par un ancre. Sur ce tambour et solidaire avec lui est placée une pièce en fonte *f*, engrenant avec une chaîne de galle passant du côté opposé sur une poulie *k*; l'axe de cette poulie pouvant se déplacer sur une coulisse *u*, ce qui permet de diminuer le développement de la chaîne de galle, dont on règle la longueur en ajoutant ou retranchant des maillons. Cette chaîne de galle porte sur un de ces maillons un crochet L. Ce crochet peut buter, dans le sens du déroulement du câble, sur un fer à section carré G, placé horizontalement et transversalement sur le bâti. A l'extrémité opposée de G est fixée une pièce F E qui peut osciller autour du point F, et est terminée par une pointe du côté opposé qui passe sous la poulie P. Cette poulie P porte entre ses bras une pièce B, en forme de moise, fixée à l'un des bras et embrassant l'autre, portant sur les 2/3 de sa longueur un petit galet

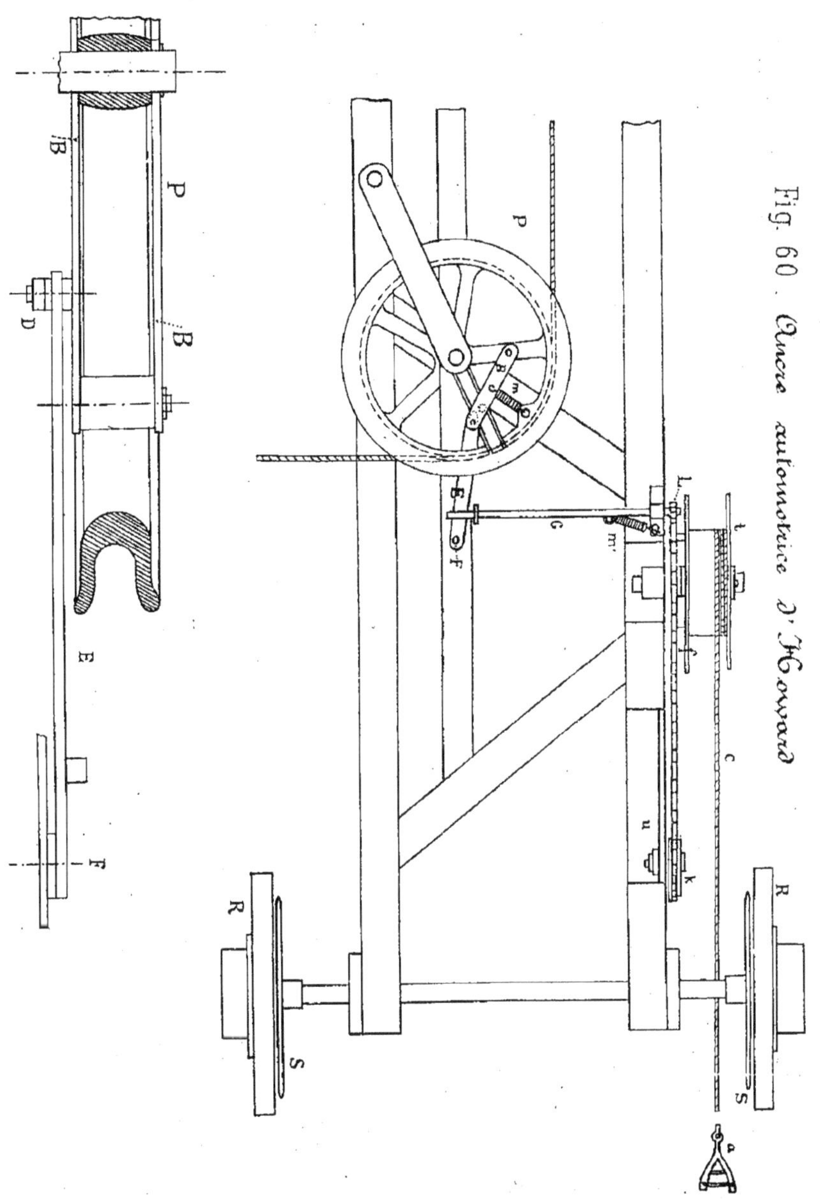

Fig. 60. Ancre automotrice D' Howard

D, dépassant le dessous du plan horizontal de la poulie, et pouvant rencontrer la pointe de E F, quand la poulie P tourne dans un certain sens ; les ressorts *mm'* sont destinés à ramener les pièces G et B déplacées par EF à certains moments.

Ceci posé, comment l'appareil devient-il automoteur? Supposons que la charrue aille de la machine vers l'ancre, le crochet L étant au-dessous de G, et n'étant plus retenu par cette pièce, l'effort de traction du câble qui tire la charrue, entraîne par une de ses composantes tout le chariot vers la poulie de renvoi *p'* (fig. 48) ; la chaîne de galle, le tambour et le câble C sont entraînés ; mais lorsque la chaîne a fait un tour complet le crochet L vient buter contre l'extrémité de G, et tout le système est retenu par le cable *c* fixé en *a*. Si l'on a calculé le déroulement de la chaîne de galle, pour qu'il corresponde au double de la largeur de bande, l'ancre s'est avancée automatiquement de la quantité voulue pour placer ce chariot en face de la charrue. Lorsqu'au contraire, la charrue revient de l'ancre vers la machine, le galet D butte contre E F, déclanche le verrou G du crochet L, ce qui permettra à la chaîne de galle de se dérouler à nouveau, lorsque la charrue reviendra dans l'autre sens. Ce mouvement de déclanchement se produit tout le temps, afin qu'un ouvrier n'ait pas à intervenir pour l'arrêter; c'est ce qui rend l'appareil automoteur.

Lorsque l'ancre est trop avancée, on peut empêcher son avancement en reculant B pour empêcher D d'agir sur E F. Ce système est très simple mais un peu délicat. On peut remplacer la chaîne de galle (fig. 61) par quatre verrous *J*, fixés à angle droit sur l'extérieur des joues du tambour *t* que l'on peut rentrer ou sortir à volonté ; en faisant avancer un, deux ou trois verrous, pour arrêter G, on peut régler l'avancement, à un quart, moitié ou trois quarts de la circonférence de *t*.

Fig. 61.

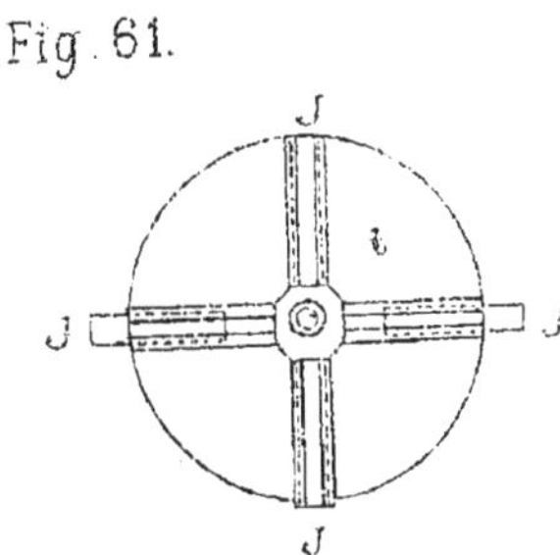

2° **Ancre automotrice à avancement rationnel.** — Cet appareil (fig. 62 et 63) est plus sensible que le précédent, car on peut faire avancer l'ancre de la quantité qu'on veut. Le mécanisme de cette ancre automotrice se trouve, comme celui de l'ancre Howard, placé sur un chariot muni de quatre roues R, qui peuvent s'enlever lorsqu'on arrive au champ à labourer, afin de laisser l'appareil reposer sur les disques en acier, destinés, en s'enfonçant dans le sol, à l'empêcher de riper ; sur le chariot se trouvent trois poulies sur lesquelles passe le câble. Les deux poulies extrêmes P'P" sont des poulies à gorge ordinaires ; la poulie du milieu P porte sur son axe vertical prolongé, un pignon *e* qui engrène avec une roue B, sur l'axe de laquelle est calé en dessus un pignon en fer D, lequel engrène avec une crémaillère E. Cette crémaillère E est fixée sur un fer cornière qui porte aussi à sa partie inférieure une crémaillère F de même longueur que la crémaillère E, mais reculée sur cette cornière d'une quantité égale à la distance qui sépare l'axe de la poulie P de l'arbre du tambour *t*.

Cette crémaillère E engrène elle-même avec un pignon G calé sur l'axe du tambour *t*, en lui transmettant le mouvement reçu par la crémaillère F. Enfin sur ce même arbre se trouve le tambour *t*, destiné à enrouler le câble nécessaire à l'avancement de l'appareil. Deux cliquets placés, l'un sur le pignon G, l'autre sur le tambour *t* font marcher ce pignon ou ce tambour dans un sens, et le rendent fou dans l'autre. Un contrepoids H, placé à l'extrémité de la cornière portant les crémaillères, force la crémaillère E à engrener avec le pignon D.

Ceci posé, voici comment fonctionne l'appareil.

Le câble qui vient de la locomobile après avoir fait le tour du champ passe sur la poulie P', puis sur la poulie P et enfin sur la poulie P'' dans le sens de la flèche (2) du dessin afin d'augmenter l'adhérence en P. Ce câble vient ensuite s'attacher à la charrue. Un autre câble de 100^{m} environ enroulé sur le tambour *t* vient ensuite s'attacher à une ancre a fixe, placée en avant de l'ancre automotrice dans le sens de la partie à labourer.

Supposons la charrue à l'extrémité du champ opposée à l'ancre automotrice (fig. 49). Lorsqu'on embraye le treuil de gauche la charrue s'avance vers l'ancre automotrice, alors la crémaillère E, qui n'a qu'une dent engre-

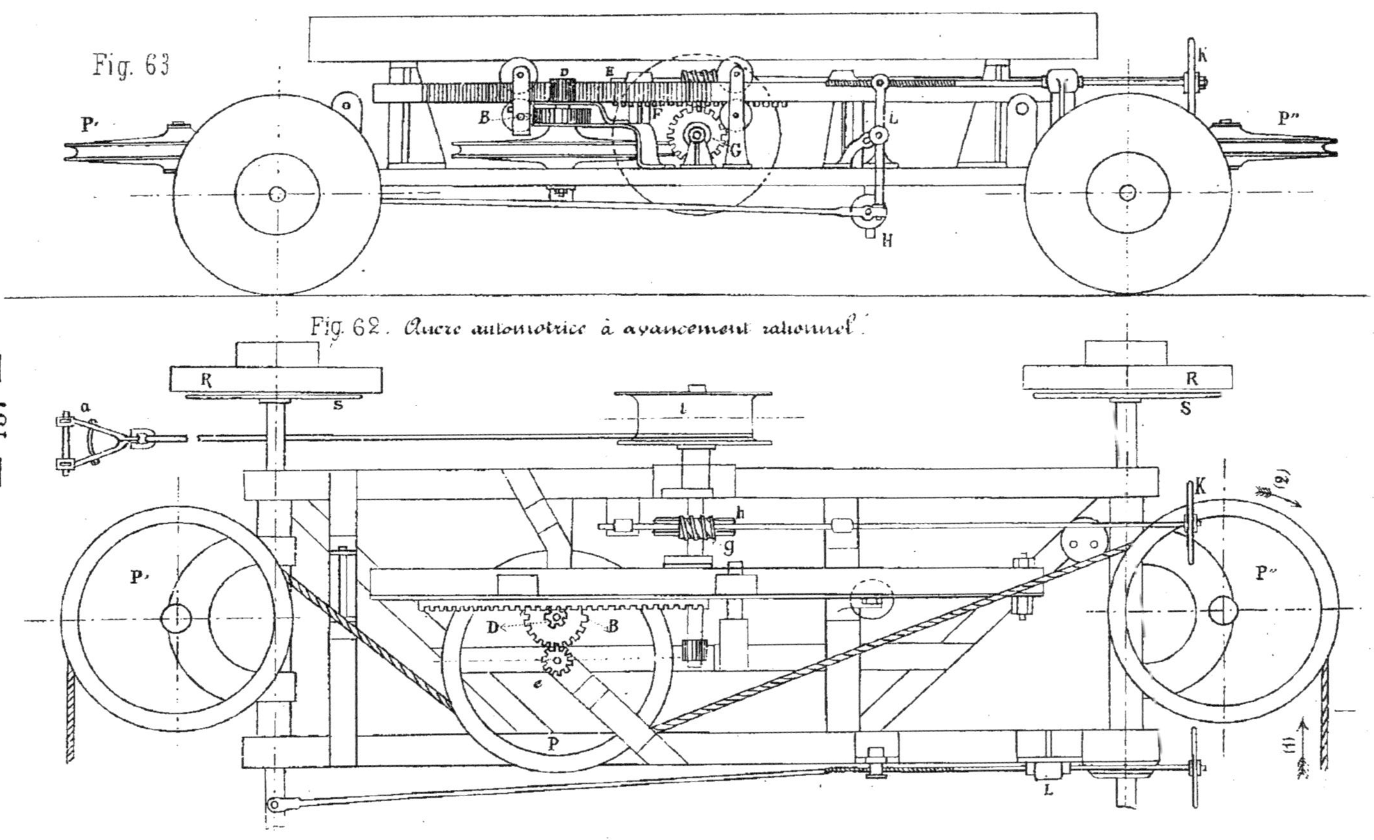

Fig. 63

Fig. 62. Ancre automotrice à avancement rationnel.

née avec D, est entraînée par le mouvement de la poulie P par l'intermédiaire du pignon *e*, de la roue B et du pignon D, Cette crémaillère E transmet le mouvement à la crémaillère F qui engrenant avec G, fait tourner le tambour *t*. Ce tambour *t* en tournant enroule le câble fixé sur l'ancre placée en avant de l'appareil sur la fourrière du champ, et fait ainsi avancer tout le système ; mais, lorsque la crémaillère a avancé de toute sa longueur, le pignon D ne trouvant plus de dents avec lesquelles il puisse engrener, ladite crémaillère ne peut plus transmettre le mouvement au tambour et l'ancre s'arrête. De la sorte, en faisant avancer la crémaillère de toute sa longueur, ou d'une partie seulement, afin que le tambour enroule une quantité de câble égale au double de la largeur de bande à labourer, l'ancre automotrice se trouve avancée automatiquement de la quantité nécessaire. Pendant le reste de la marche de la charrue, un contrepoids H maintient la dernière dent de la crémaillère E en contact avec le pignon D. Enfin lorsque la charrue est arrivée près de l'ancre automotrice, et qu'on la fait retourner pour être attirée directement par la machine, le câble qui passe sur les poulies fait tourner la poulie P en sens contraire, la crémaillère E engrène alors avec le pignon D, et revient prendre la position qu'elle avait au commencement du travail. Mais dans ce sens, les pignons et le tambour *t*, étant fous sur leur axe, ne tournent pas, et le câble enroulé sur le tambour *t* reste dans la même position. Lorsqu'au contraire la charrue revient de nouveau sur l'ancre automotrice, le pignon D engrène avec la crémaillère E et l'ancre automotrice avance de nouveau.

En dernier lieu, pour compléter le système, on peut lorsqu'on veut corriger le labour, faire avancer l'ancre automotrice à la main, à l'aide de la manivelle *K*, qui actionne une vis sans fin *g* commandant une roue héliçoïdale *h* calée sur l'arbre du tambour *t*. En tournant cette manivelle, lorsque la vis *g* est embrayée avec la roue héliçoïdale, le tambour *t* tourne et, enroulant le câble attaché à l'ancre fixe, fait avancer l'ancre automotrice.

Chariot-Ancre Debains. — Ce chariot-ancre (fig. 64), plus simple et moins coûteux que les ancres automotrices, peut être avancé à la main suivant les besoins du travail. Le bâti ressemble aux bâtis précédemment décrits, et repose comme eux sur quatre roues coupantes en acier; il est composé de trois fers cornières. Sur une entretoise reliant les fers cornières, au milieu de l'espace qui sépare les deux roues, est fixé l'axe vertical de la poulie à gorge P qui reçoit le câble de traction; de l'autre côté, entre deux fers du bâti, se trouve un tambour *t* de 60[c] de diamètre; sur ce tambour, du côté opposé au bâti, est fixé ou venu de fonte un engrenage E sans bras de 60 dents qui engrène avec un pignon *e* de dix dents. Sur l'arbre du pignon et solidaire avec lui est un cliquet *k*, sur lequel retombe un chien H, fixé par un boulon sur le moyeu extrême d'un levier L fou sur l'arbre du pignon *e*.

Voici comment se fait la manœuvre: lorsqu'on lève

le levier L, celui-ci ne fait pas tourner l'arbre du pignon ; et, au contraire, quand on l'abaisse, le chien H fait avancer le cliquet, et par suite le pignon *e*, qui entraîne E, et le tambour sur lequel un câble *u* fait deux tours pour venir s'attacher à l'avant et à l'arrière sur deux ancres a *a'*, placées à 30^{m} environ du chariot-ancre.

Pendant que la charrue D va vers *K* (fig. 59), un ouvrier placé en A fait avancer le chariot-ancre en appuyant sur L ; comme le levier L a deux mètres, la main, qui le conduit à son extrémité, parcourt par chaque tour complet, un chemin de 12 mètres environ, mais il ne fait avancer le câble sur le tambour que de 0^{m}30, soit un chemin 40 fois moindre, de sorte que si l'ouvrier exerce au bout du levier un effort de 50 kil., l'effort de traction sera de 2,000 kilog. bien supérieur à la résistance que peut opposer le chariot à l'avancement, même si les disques en acier étaient profondément enfoncés. L'ouvrier, en une dizaine de mouvements du levier L, avance le chariot A de deux largeurs de bande, 0^{m}60^{c} environ. Cette opération s'exécute très rapidement et l'ouvrier peut ensuite rejoindre la charrue et aider le laboureur.

Le câble est au commencement de l'opération, parallèle à l'axe du chariot-ancre, mais par suite de l'effort de traction, il tend à s'infléchir un peu dans le sens du tirage, ce qui entraîne à placer les ancres suivant un angle de 15 à 20 degrés, par rapport à la direction primitive du câble.

4° **Treuils à manège.** — La propriété

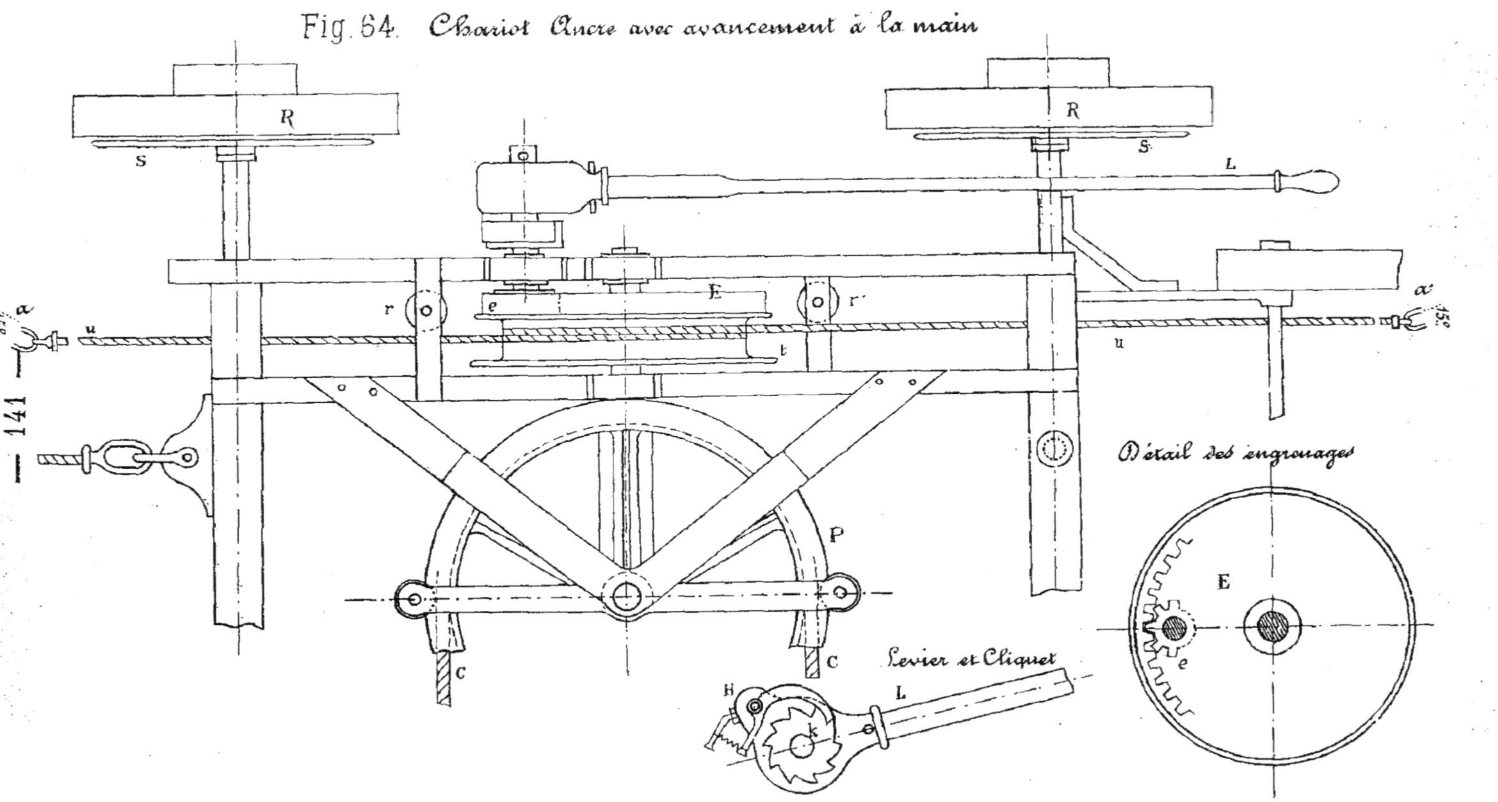

Fig. 64. Chariot Ancre avec avancement à la main

étant assez divisée en France, peu de viticulteurs peuvent disposer d'un capital suffisant pour acheter un appareil de défoncement à vapeur. D'un autre côté, ils ne se résolvent pas facilement à faire faire leurs travaux par des entrepreneurs de défoncements, parce qu'ils ne peuvent pas les exécuter aux époques qui leur conviennent. Ils préfèrent procéder à ces travaux avec leurs propres ressources, et c'est cette disposition d'esprit des viticulteurs, qui a déterminé un certain nombre de constructeurs, suivant l'exemple de M. de Beauquesne, à présenter dans les concours des treuils mus par des manèges actionnés par des chevaux ou des bœufs, et agissant sur la charrue par l'intermédiaire de câbles métalliques.

On peut diviser ces treuils à manège en : *a.* — Treuils simples actionnant par un câble la charrue en l'attirant de la fourrière opposée au moteur, avec retour à vide de l'outil traîné par les animaux, ou treuils avec retour à vide au moyen d'un câble s'enroulant sur un tambour spécial, *b* — treuils actionnant la charrue à l'aller et au retour.

a. — **Treuil Guyot.** — Parmi les treuils du premier système, celui qui a obtenu le plus de succès dans les concours, est celui de M. Guyot de la Redorte (Aude) (fig. 65). Il se recommande par sa simplicité. On l'amène au champ par un traîneau monté sur roues, tiré par les animaux qui doivent l'actionner en travail. On le place sur la fourrière A B, la plus accessible du champ à défoncer, on enlève les roues, et on le retient par une

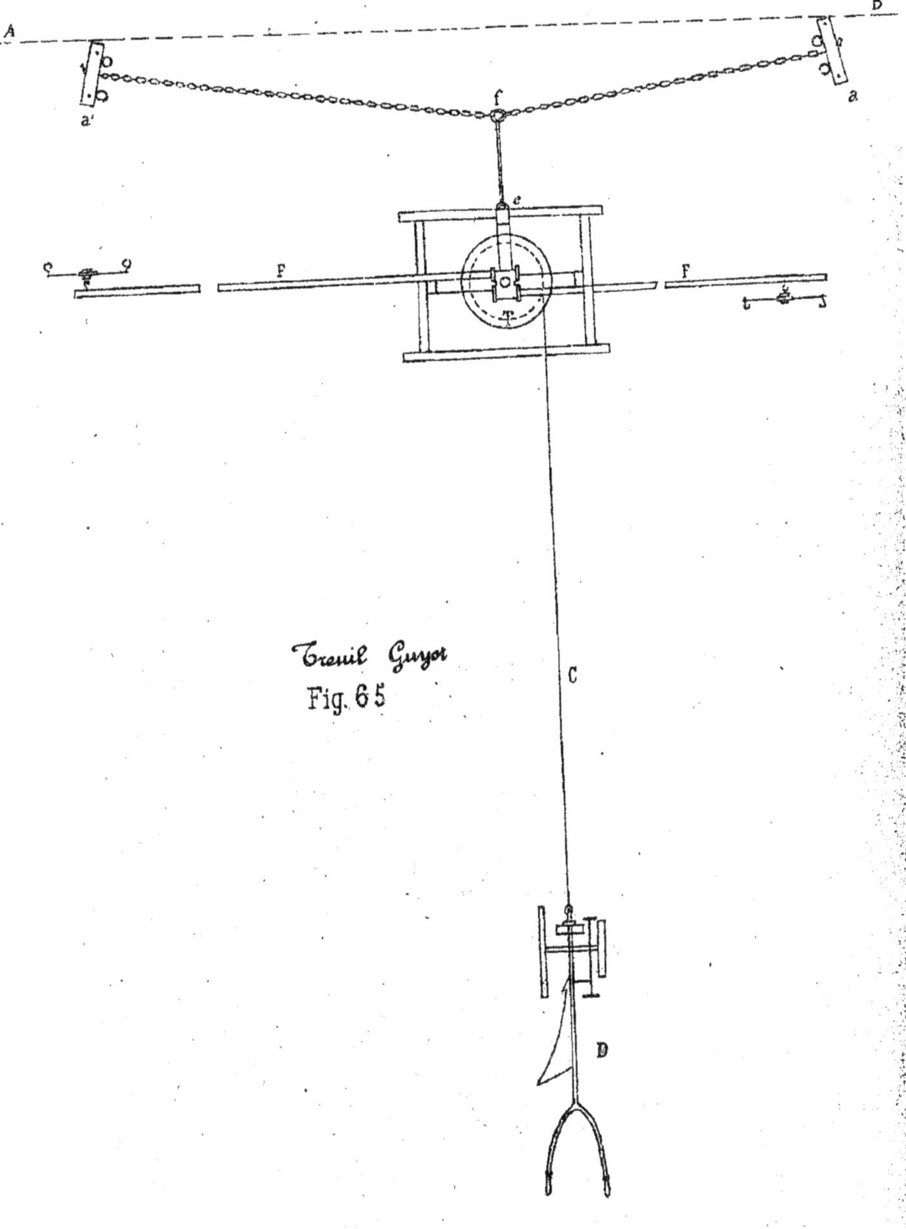

Treuil Guyot
Fig. 65

forte tige *e f'*, fixée d'un côté par une bride très solide sur le bâti du treuil, de l'autre par un anneau passant par une chaîne a a'. Cette tige est arrêtée à l'endroit qu'on veut sur a a', au moyen d'un pieu en fer *f* passant dans l'anneau. La chaîne est maintenue en *a* et *a'* avec des ancres ou des madriers, solidement amarrés par des pieux en fer. Le bâti du treuil est en fers en ‾|_|‾ fortement entretoisés. Il porte à son milieu un axe vertical, sur lequel est fixé un tambour horizontal T où s'enroule le câble. Ce tambour est maintenu à la partie supérieure par de fortes pièces en fer, venant se boulonner sur le bâti. Au dessous de ces pièces, sur l'arbre du tambour se fixent, au moyen de mortaises en fonte calées sur l'arbre, les flèches F F, qui servent à atteler les animaux destinés à faire tourner le tambour.

Voici comment marche l'appareil. La charrue D, étant près de la fourrière opposée au treuil, est attirée vers lui par le câble C, qui s'enroule sur le tambour T. Lorsque la charrue est arrivée près du treuil, on arrête les animaux, et le laboureur de la charrue et son aide la retournent par le procédé que j'ai déjà indiqué. Pendant ce temps, le conducteur des animaux les détèle, pour traîner le treuil avec son attelage parallèlement à A B, d'une quantité égale à la largeur de bande, après avoir préalablement enlevé le pieu de l'anneau *f*. Pendant ce temps, d'autres animaux ramènent la charrue sur la fourrière opposée, pour recommencer une nouvelle raie.

M. Guyot établit ainsi le prix de ses appareils :

Treuil à manège avec ses accessoirs, y compris un porte-câble.	950	»
Traîneau de transport . . . . , . . .	100	»
180^{m} de câble en fil d'acier.	225	»
Charrue défonceuse. . , ...	800	»
Total, deux mille soixante-quinze francs, ci	2,075	»

Voici le prix journalier d'une journée de travail :

Un laboureur.	4	»
Trois hommes à 3 fr. par jour.	9	»
Quatre bœufs à fr. 2.50 pour chaque bœuf. . .	10	»
Amortissement à 15 0/0 par an d'un capital de 2,200 francs environ pendant 240 jours de travail.	1	37
Usure du câble.	1	03
Total du prix de revient de la journée . .	25f.	40

Le chemin parcouru par la charrue varie entre 0^{m}09 et 0^{m}11 par seconde.

Le treuil à simple effet Amiot et Bariat paraît bien établi, il est en outre muni de galets directeurs du câble de traction, ce qui est une excellente chose. Je regrette de ne pas l'avoir vu en travail.

Treuil Bajac. — Ce treuil (fig. 66) fonctionne comme les précédents dans le sens de la traction directe de la charrue, mais il porte un mécanisme spécial permettant de ramener l'outil en arrière lorsqu'il est arrivé près du moteur. Ce mouvement s'obtient à l'aide de la grande roue E, calée sur l'arbre vertical A des flèches F du manège qui n'est pas solidaire du tambour de treuil T, avec lequel on peut l'embrayer par les clavettes *k*. Cette roue E peut actionner un pignon *e*, fixé sur un autre arbre vertical B, portant à sa partie inférieure une poulie à gorge P de grand diamètre, dans laquelle peut s'enrouler un petit câble C'. Ce pignon *e* peut monter ou descendre sur l'arbre B au moyen du levier L.

Supposons la défonçeuse près du treuil (fig. 67), on débraye le tambour T, et on fait à l'aide du levier L, engrener *e* avec E. La poulie P attire alors la charrue sur le côté opposé du champ au moyen du câble *C'*, qui passe sur la poulie de renvoi *p*, fixée par une chape à galet sur une petite poulie à gorge pouvant cheminer sur un câble maintenu par des ancres a a. Cet appareil peut se déplacer à chaque raie au moyen des animaux, ou en se hâlant sur un petit treuil.

La construction de cet instrument est soignée. Il est monté sur quatre roues que l'on peut enlever, pour faire reposer l'appareil en travail sur quatre disques en acier, comme dans les chariots-ancres déjà décrits. Les deux arbres verticaux sont réunis à la partie supérieure par un large fer en ⌐⌊⌋¬, venant se fixer sur la traverse inférieure horizontale qui supporte les arbres.

Cet appareil marche, dans le sens de la traction de la charrue, à une vitesse de 0,08 à 0,09 par seconde, dans l'autre sens le mouvement de l'arbre A se transmet à l'arbre de la poulie P par un engrenage de 75 dents, au moyen d'un pignon e qui porte 15 dents ; le mouvement de ce second arbre B est donc quatre fois plus rapide,

Fig. 66. Treuil Bajac

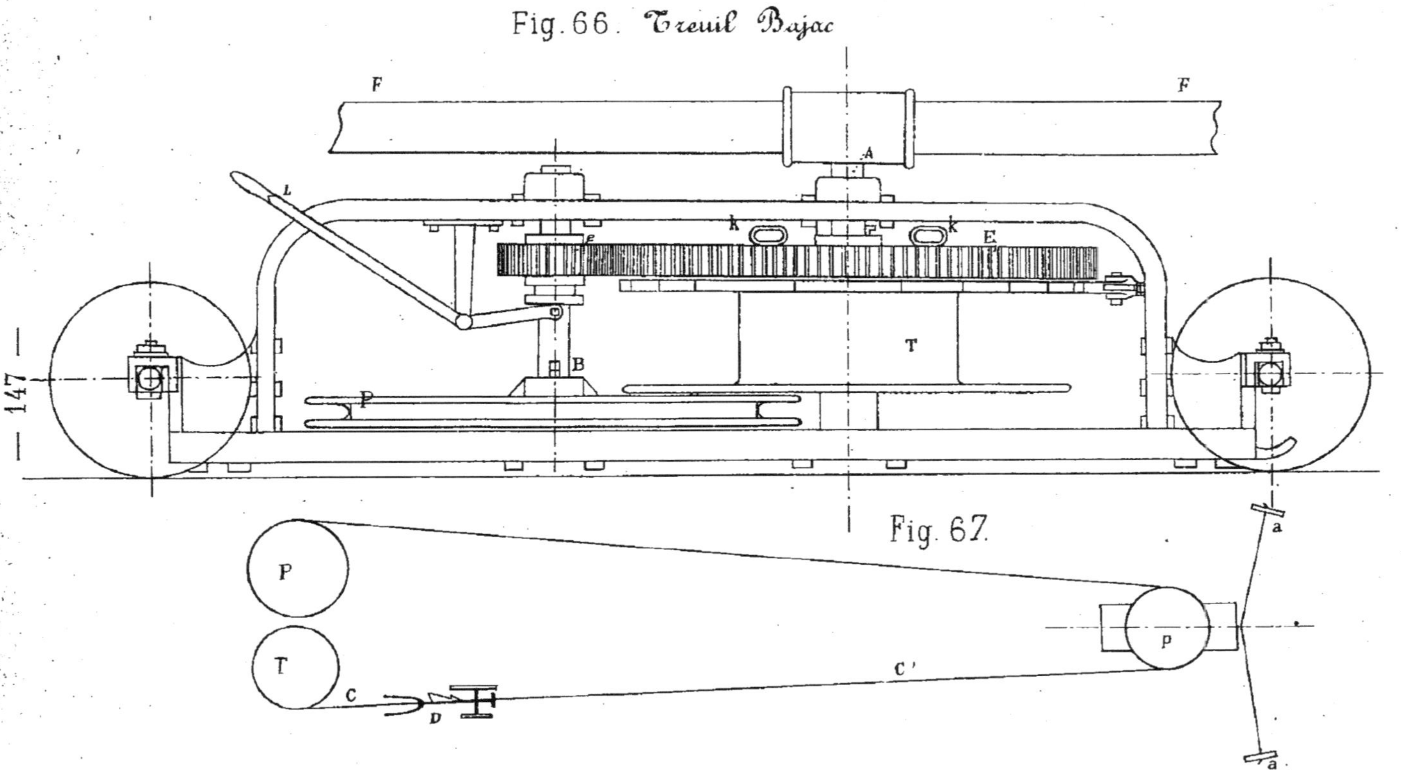

Fig. 67.

soit de 0^m40^c par seconde. La largeur de bande que prend la charrue varie de 0^m60, pour les défoncements à 0^m50 de profondeur, à 0^m50 pour les défoncements à 0^m60.

Le prix d'un appareil complet s'établit ainsi :

Treuil avec système de transport sur route, 225^m de câble pour la traction directe, 450^m pour le retour à vide	2000 »
Ancrage et poulie de renvoi	200 »
Charrue simple défonçeuse, avec direction et siège	900 »
Total, Trois mille cent francs. . .	3,100 »

Le prix de revient d'une journée de travail se décompose ainsi :

Un laboureur.	4 »
Deux chevaux et un conducteur	13 »
Un ouvrier pour surveiller le travail et la poulie de renvoi	3 »
Amortiment à 15 0/0 par an d'un capital de 3,100 francs pendant 240 jours de travail	1 93
Usure du câble	1 07
Total du prix de revient de la journée .	23 fr.

M. Chouteau, agriculteur de Maine-et-Loire, emploie avec un treuil à retour à vide, une charrue montée sur bâti en fers cornières, s'appuyant sur deux roues inégales, bâti semblable à celui des charrues à bascule ordinaires, mais le deuxième corps symétrique est remplacé par une masse en fonte faisant équilibre au corps travaillant. Cette masse peut glisser sur des rainures embrassant les fers du bâti. Quand la charrue travaille, la masse est près des roues ; mais lorsque l'instrument est arrivé à la fin de la raie, cette masse, à laquelle est attaché le câble de retour, peut glisser sur les fers du bâti pour arriver à son extrémité ; elle fait alors basculer la charrue par la traction du câble de retour, ramenant ainsi l'outil en arrière en le faisant porter sur les deux roues de support du bâti, et sur une troisième roue semblable à celle déjà décrite (défonceuse Bajac). L'outil de M. Chouteau fonctionne bien et est aussi facile à conduire qu'une charrue à bascule ordinaire, dont il a d'ailleurs le mécanisme dirigeant.

b.— **Défoncement par deux treuils semblables.** — On peut aussi pour le défoncement se servir de deux treuils à manège identiques, que l'on place sur chaque fourrière du champ à défoncer. Ce système fonctionne très bien, et j'ai vu dans Maine-et-Loire une charrue défonçeuse conduite par deux treuils simples, travaillant à une profondeur de $0^{m}55$ dans des terrains remplis de schistes très durs. Cet instrument marchait parfaitement, mais le personnel était nombreux et les fourrières considérables. Cette largeur des fourrières présente de sérieux inconvénients dans les contrées où la propriété est très divisée et les champs de médiocre longueur.

Le prix de ces deux treuils avec matériel complet revient assez cher.

2 treuils à manège à grande résiste à fr. 1450 l'un	2900 »
Charrue défonçeuse à bascule	2500 »
Ancres d'avancement, accessoires . . .	200 »
Total cinq mille six cents francs. . .	5600 »

Le prix de revient d'une journée de travail se répartit ainsi :

Un laboureur.	4 »
4 chevaux et deux conducteurs	26 »
Amortissement à 15 0/0 par an d'un capital de 5600 francs pendant 240 jours de travail	3 30
Usure du câble	1 10
Total du prix de revient de la journée. .	34 f. 40

Treuil à double effet. — Je préfére aux systèmes décrits les treuils à double effet avec chariots de renvoi, parce qu'ils occupent moins de place sur les fourrières, exigent moins d'animaux, et peuvent se plier mieux à toutes les dispositions du terrain.

Le système de treuil que je vais décrire peut : 1° être à manège et fixe sur un côté du champ (fig. 67), et tirer la charrue au moyen de deux câbles renvoyés par les chariots-ancres déjà décrits ; 2° rester encore fixe, et être actionné par une locomobile en remplaçant les flèches par des engrenages convenablement disposés, et tirer la charrue de la même manière que précédemment ; 3° se déplacer sur la fourrière MN du champ (fig. 68) au moyen d'un

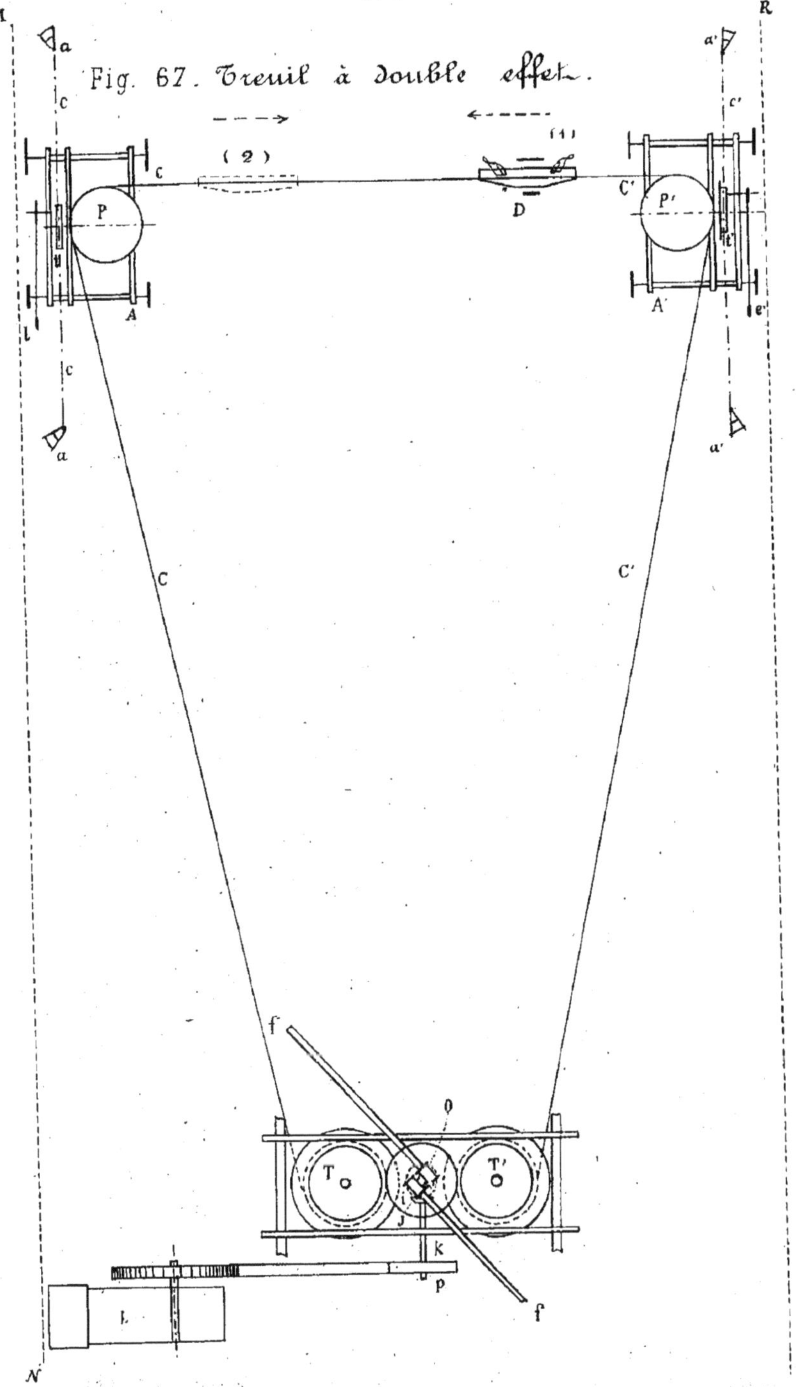

Fig. 67. Treuil à double effet.

système de halage spécial, l'autre fourrière R S étant occupée par un chariot-ancre de renvoi. Dans le premier et le second mode de travail, l'appareil marche comme le système Roundabout-Howard. Le treuil est un chariot portant deux tambours semblables à axes verticaux T et T'. Il est fixé en *o* sur la ligne N S, environ au milieu de l'espace entre les fourrières M N et R S ; sur la fourrière MN près de l'extrémité opposée M du champ est placée l'ancre A déjà décrite, retenue par le câble *c* passant sur le tambour *t* et attaché aux deux ancres *a a*, portant à son milieu la poulie P ; sur l'autre fourrière R S près de R une ancre semblable A', mais tournée en sens inverse, retenue par le câble *c'* passant sur le tambour *t'* et attaché aux deux ancres a' a', portant à son milieu la poulie P'. Le système ainsi disposé, on déroule le câble C enroulé sur T, pour le faire passer sur P, et l'attacher à la charrue à bascule D ; on déroule aussi le câble C'' enroulé sur T', on le fait passer sur P', et on vient l'attacher à D. Le laboureur assis en D agite alors un drapeau en l'inclinant dans la direction de A' vers A, le conducteur des animaux fait tourner les flèches *f f* du manège, le câble *C* s'enroule sur T, *C'* se déroule, et la charrue D se dirige vers A. Lorsqu'elle est arrivée près de A, l'aide avance A vers N avec le levier *l*, d'une quantité égale au double de la largeur de bande, bascule la charrue avec l'aide du laboureur, agite son drapeau de A vers A' et l'outil repart dans le sens opposé ; arrivé en A', l'aide fait avancer A' du double de la largeur de bande, bascule la charrue D, qui repart de A' vers A, et ainsi de suite jusqu'à ce que les ancres A A' et la charrue soient arrivées près du treuil.

2° Pour se servir de l'appareil avec un moteur à vapeur (fig. 67), on enlève les flèches *f f* et leur support et on les remplace par les engrenages *i j* et l'arbre horizontal *k* portant la poulie *p* destinée à recevoir le mouvement de la locomobile L. C'est alors le mécanicien qui met tout le système en mouvement, lorsque l'aide agite son drapeau, et l'appareil fonctionne comme dans la disposition (1), seulement la charrue va à une vitesse de 0m40 par seconde, tandis que le chemin parcouru par cet instrument n'était que de 0m08 à 0m09, lorsque le treuil était actionné par les animaux.

3° Dans cette dernière disposition (fig. 68), le treuil muni des flèches *f f* est placé sur une des fourrières du champ; le câble C du tambour T passe sur la poulie P d'un chariot-ancre A fixé sur l'autre fourrière, et vient s'attacher à la charrue D qui se trouve près de A, le câble C' de T' se fixe sur D. Pendant qu'on bascule la charrue, l'aide fait avancer A à la main d'une quantité double de la largeur de bande; de l'autre côté le conducteur des animaux hâle le treuil sur un petit câble d'avancement c par un mécanisme que je décrirai plus loin. Il embraye ensuite T' qui, à l'aide du câble C', tire D vers le treuil. La charrue arrivée près du treuil le conducteur débraye T' et embraye T, le laboureur et l'aide basculent D qui se dirige vers A. Lorsque D est arrivé en A, l'aide avec le drapeau fait signe au conducteur d'arrêter les animaux, puis il fait avancer A, revient aider le laboureur à basculer D et abaisse le drapeau, afin que le conducteur après avoir embrayé T' fasse marcher les animaux pour attirer D vers le treuil, et ainsi de suite jusqu'à la fin du champ à défoncer.

C'est, selon moi, l'appareil qui doit être préféré pour les défoncements à grande profondeur. Pour ne pas engager à la fois une mise de fonds trop considérable, le propriétaire pourra n'acheter que le treuil et un chariot-ancre, et faire fonctionner le système de la troisième manière. Puis lorsqu'il verra que, dans certains champs, accidentés ou coupés d'obstacles, il ne lui est pas possible de déplacer le treuil, il achètera un second chariot-ancre, qui lui permettra de laisser l'appareil dans le point le plus favorable du champ. Enfin, à certaines époques de l'année, lorsqu'il pourra louer une locomobile, ou se servir de celle qu'il employait au battage, il enlèvera les flèches et disposera l'arbre et la poulie permettant de faire manœuvrer l'appareil à l'aide d'un moteur à vapeur.

Le renvoi des câbles à l'extrémité du champ par deux chariots-ancres n'a pas, pour les défoncements, les mêmes inconvénients que pour les labours, car l'installation du système, qui est assez longue, pourra se faire en embrassant une étendue de 1 h. 50 à 2 hectares à la fois, soit le travail de 4 jours avec une locomobile, et le travail de 10 à 15 jours, lorsque l'appareil sera actionné par des animaux.

Le treuil destiné à effectuer ces travaux divers, se compose d'un chariot (fig. 68), espèce de voiture à

Fig. 68 – Treuil mobile à double effet.

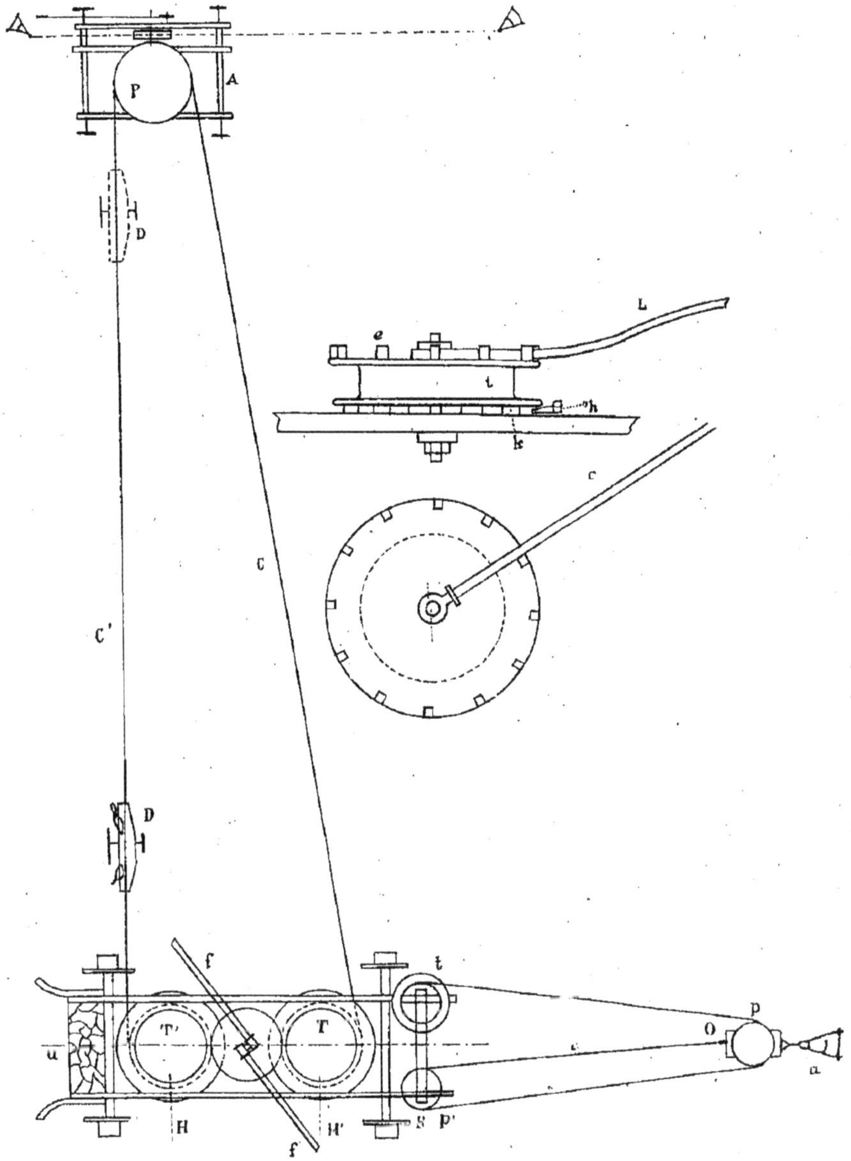

Élévation des arbres et des engrenages de Commande

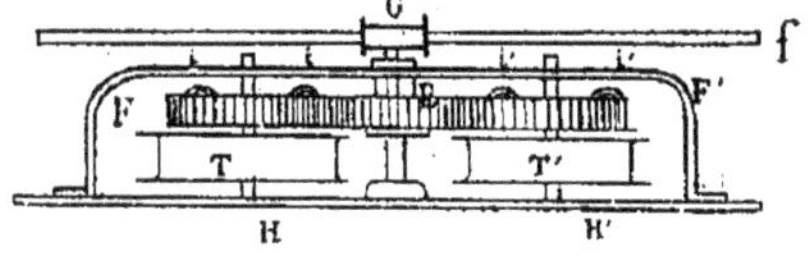

4 roues avec avant-train, que l'on amène sur le terrain avec des animaux de trait. On le place sur la fourrière convenable du champ à défoncer. Une fois sur le champ, on enlève les roues avec un levier ou un cric; l'appareil repose alors, comme les ancres automotrices déjà décrites, sur 4 disques coupants en acier S, qui pénètrent dans le sol sous l'action du poids de l'appareil; on augmente d'ailleurs, si besoin est, l'enfoncement de ces disques par des poids que l'on peut placer sur la plateforme *u*. Lorsque l'appareil est manœuvré par les animaux, les flèches *ff* actionnent l'arbre vertical G qui porte un engrenage E, à dents encastrées à moitié, engrenant avec deux roues semblables; l'une F est callée sur un arbre vertical H, l'autre F' sur un second arbre vertical H'; sur deux manchons concentriques à ces deux arbres H et H' sont placés deux tambours T et T' non clavetés sur ces arbres. En avant de l'appareil, se trouve, sur le côté, un petit tambour *t*, de $0^{m}50$ de diamètre, à axe vertical, portant à sa circonférence des crans en fonte *e*, sur lesquels peut s'appuyer un levier L, de $2^{m}50$ de long, emmanché à une extrémité sur l'axe de *t*, mais pouvant tourner librement sur cet axe en s'élevant ou s'abaissant un peu; un cliquet *k* et un chien *h* empêchent le treuil de se dérouler dans un sens. Sur ce tambour est enroulé un câble *c*, qui passe sur une poulie *p*, retenue par un ancre *a*, revient sur une poulie *p'*, placée sur le treuil à côté de *t*, et vient s'attacher en *o* devant le plateau de la poulie *p*.

Cet appareil ainsi disposé peut tirer la charrue dans les deux sens et s'avancer à chaque tour de la quantité voulue. Pour tirer la charrue du treuil vers l'ancre, on rend T solidaire de l'arbre H à l'aide de clavettes *i i*, l'engrenage E entraîne F et le tambour T, la charrue est alors attirée vers l'ancre par le câble C, T' tourne-fou et déroule le câble C'. Quand la charrue doit revenir de A vers le treuil, on enlève les clavettes *i*, on place les clavettes *i'* sur T' qui attire alors l'instrument. Pour avancer tout le système, on manœuvre le levier L, en le faisant appuyer sur un des crans *e* de la joue du tambour *t*. Quand l'ouvrier, qui agit sur l'extrémité du levier L, lui aura fait parcourir un tour, soit 15 mètres environ, le tambour *t* n'aura enroulé que 1m50 de câble et l'appareil n'aura avancé que de 0m50 puisque le câble forme mouffle à 3 brins; de telle sorte que si le conducteur et le laboureur exercent un effort de 60 kil. au bout du levier L, l'effort transmis pour l'avancement de l'appareil sera de 1,800 kil., effort la plupart du temps suffisant pour entraîner l'appareil. Si, cependant, il était trop enfoncé, on pourrait remplacer le levier de 2m50 par un autre de 3 mètres, placé par précaution sur le bâti du treuil, et le laboureur le conducteur et l'aide pourraient exercer au bout un effort de 90 kil., ce qui donnerait une puissance de traction 36 fois plus grande, soit 3,240 kil. pour tirer le treuil.

1° Le prix de revient de l'appareil fixe à manège, avec deux chariots-ancres, s'établit ainsi :

Treuil à double effet.	2.400	»
600 mètres de câble à 1 fr.	600	»
2 chariots-ancres à 800 fr.	1.600	»
Accessoires.	200	»
Charrue à bascule.	2.500	»
Total, sept mille trois cents francs, ci. .	7.300	»

Vitesse de l'outil, 0m08 par seconde.

2° Prix de l'appareil fixe mu par une locomobile avec deux chariots-ancres :

Locomobile de six chevaux.	5.500	»
Treuil à double effet.	2.400	»
600 mètres de câble.	600	»
2 chariots-ancres.	1.600	»
Accessoires.	200	»
Charrue à bascule.	2.500	»
Total, douze mille huit cents francs, ci.	12,800	»

Vitesse de l'outil, 0m40 par seconde.

3° Prix de l'appareil mobile à manège :

Treuil à double effet.	2.400	»
600 mètres de câble.	600	»
1 chariot-ancre.	800	»
Accessoires.	300	»
Charrue à bascule	2.500	»
Total, six mille six cents francs, ci . .	6.600	»

Vitesse de l'outil, 0m08 à 0m09 par seconde.

Le prix de revient d'une journée de travail par le premier système fixe s'établit ainsi :

Un laboureur.	4 »
Un aide.	3 »
Deux chevaux et un conducteur.	13 »
Amortissement à 15 0/0 par an d'un capital de 7.300 francs pendant 240 jours de travail. .	4 55
Usure du câble.	3 45
Total du prix de revient de la journée, vingt-huit francs, ci.	28 »

Avec l'appareil fixe, mu par une locomobile, le prix de revient journalier est un peu plus élevé qu'avec l'appareil Boulet, soit cinquante-cinq francs environ, l'augmentation provenant du déplacement des poulies retenant les chariots-ancres.

Lorsque l'appareil à manège, avec treuil à double effet, se déplace sur une des fourrières du champ, le prix de revient journalier diminue, il s'établit ainsi :

Un laboureur	4 »
Un aide.	3 »
Deux chevaux et un conducteur	13 »
Amortissement à 15 0/0 par an d'un capital de 6.600 francs pendant 240 jours de travail. .	4 12
Usure du câble.	2 88
Total du prix de revient de la journée, vingt-sept francs, ci.	27 »

Câbles. — La qualité des câbles joue un grand rôle dans la traction par treuil. Ces câbles sont en fil d'acier ; leur diamètre varie de $0^{m}014$ millimètres à $0^{m}022$; ils sont généralement composés de 4 torons de 4 brins chacun, enroulés autour d'une âme en chanvre. Il faut exiger des constructeurs qu'ils soient livrés sur des rouleaux bien solides, pouvant supporter les plus violents assauts de transports sans se briser ; car, lorsqu'un pareil accident arrive, on éprouve les plus sérieuses difficultés pour dérouler le câble, qu'on est souvent obligé de couper, ce qui diminue beaucoup la résistance. Ces câbles doivent être bien réguliers, souples et élastiques, mais, cependant, ne pas trop s'allonger à la mise en marche, car cet allongement diminuerait leur diamètre ; ils doivent résister à un effort de 40 kilog. par millimètres carrés de section en travail normal et de 80 kilog. à la rupture. En terrains argileux et argilo-siliceux, ils doivent pouvoir travailler sans se briser 150 journées de 10 heures sur un appareil à vapeur marchant à $0^{m}40$ par seconde, et pendant 450 jours de travail, sur un treuil à manège allant à la vitesse de $0^{m}010$ par seconde ; on est en droit d'exiger cette durée des fournisseurs de câble, à la condition toutefois de ne pas les faire travailler à plus de 42^{k} par millimètre carré de section ; car passé cet effort de traction, qui est la limite d'élasticité du câble, il s'allonge et se disloque. Il est donc très important de calculer l'effort maximum que doit supporter le câble qui tire la charrue, afin d'en demander un de diamètre suffisant, et d'éviter par des fausses manœuvres, de soumettre momentanément ce câble à des efforts trop considérables ; c'est une précaution que les laboureurs ne prennent pas assez souvent, soumettant tout l'appareil à des chocs ou des efforts effrayants, qui brisent les tambours ou les câbles.

Malgré toutes les précautions, il peut arriver que le câble se prenne dans les poulies ou entre les joues du tambour et qu'il vienne à se rompre; il faut alors réunir les deux brins coupés, c'est ce qu'on appelle faire une épissure. Cette opération demande beaucoup de soin et un outillage spécial, qui doit être toujours à la disposition du laboureur, savoir : deux burins bien aiguisés en acier trempé, un épissoir fait avec une tige d'acier de 0^m018 à 0^m020 de diamètre, bien effilé d'un bout, et un bon marteau. On coupe les bouts du câble brisé avec les burins et le marteau, en appuyant ce câble sur le côté plat de la masse en fer qui sert à enfoncer les pieux. Ceci fait, on détortille 1^m20 de câble sur chaque bout, et on fait entrer les quatre brins d'un des câbles dans les quatre brins de l'autre, de telle sorte que les brins du premier bout viennent exactement s'engager dans ceux de l'autre, puis on tire violemment les brins des deux bouts pour les faire pénétrer les uns dans les autres, déroulant les brins du premier pour y enrouler ceux du second. On laisse quatre brins de 0^m15 dépasser sur le premier et quatre brins de 0^m15 dépasser sur le second, et on les fait pénétrer deux fois dans le corps du câble ouvert à l'aide de l'épissoir. Il est indispensable de laisser dépasser les bouts de trois ou quatre centimètres, sans cela l'épissure ne tiendrait pas. Au premier passage sur les tambours ces bouts s'aplatissent. Toutefois comme ils dépassent un peu, il faut toujours laisser un certain jeu dans les rouleaux guide-câble, afin de permettre à ces bouts de passer sans arracher les pièces entre lesquelles ils circulent. C'est une précaution que l'on ne prend pas assez souvent dans les dispositions de renvoi des appareils.

De toutes façons il est prudent d'habituer le laboureur et le conducteur de treuils à câble à faire une épissure; qui peut s'exécuter rapidement lorsque les ouvriers sont exercés, car j'ai fait faire devant M. Hervé-Mangon, en 1876, par mon laboureur et son aide, l'épissure d'un câble de $0^{m}016$ de diamètre en vingt minutes.

IV. **Surface travaillée par l'instrument pendant une journée de dix heures.** — Le dernier élément qu'il est indispensable de connaitre, pour établir le prix de revient des labours, c'est la quantité de travail journalier exécuté en surface par telle ou telle charrue. Voici un procédé simple et pratique de contrôler les surfaces. A une certaine distance de la raie commencée d'un labour, lorsque la vitesse est normale, on place parallèlement à la ligne de ce labour, sur le terrain non travaillé, deux jalons distants de cent mètres l'un de l'autre. Autant que possible on pose ces jalons pendant que les moteurs sont au repos, c'est-à-dire lorsque les chevaux ou les bœufs sont retournés à la ferme, à midi par exemple, ou que les mécaniciens ne sont pas à leurs machines. Ceci a son importance, car si les charretiers ou bouviers se doutaient qu'on mesure leur travail, ils ralentiraient la marche de leurs attelages, afin de ne pas être assujétis à un labour journalier trop considérable; les mécaniciens augmenteraient la vitesse de leurs machines, car ils sont toujours disposés à s'enorgueillir d'avoir fait beaucoup d'ouvrage dans une journée. Il en résulte que si l'on ne prenait pas cette précaution, de se préparer à l'expérience hors de la vue des conducteurs, on obtiendrait des résultats trop faibles pour les moteurs animés, trop forts pour les moteurs à vapeur; aussi est-il quelquefois prudent de prendre les parallèles au sillon assez loin de ce sillon et de fixer deux piquets à la place de jalons.

Au moment de l'expérience, l'opérateur tient devant le premier piquet, un jalon comme une canne, un aide tient l'autre jalon qu'il place à côté du piquet posé à cent mètres de celui de l'opérateur. Ceci fait, on note à une montre à secondes l'heure du passage de l'outil; par différence on obtient le temps mis par la charrue pour parcourir cent mètres. L'opérateur se rend alors de suite entre les deux jalons pour prendre, à plusieurs endroits, la largeur d'un certain nombre de trains de charrue, afin de faire une moyenne et mesurer la profondeur du labour sur une bande assez large et d'une certaine longueur, en relevant la terre labourée jusqu'au sol non attaqué. Dans une même exploitation, lorsqu'il s'agit d'attelages, il faut faire les expériences les unes après les autres sans interruption, afin que les conducteurs n'aient pas le temps de se communiquer leurs impressions. En multipliant le chemin parcouru par le temps et la largeur de bande, on obtient le travail fait en surface.

Le seul élément du calcul des surfaces travaillées qu'on ne peut déterminer mathématiquement, est la perte de temps aux deux fourrières pour le changement de sens de l'outil. Lorsqu'il s'agit de labour, cette perte de temps est plus grande pour les bœufs que pour les chevaux, un peu plus considérable pour l'appareil à vapeur à une seule machine que pour celui à deux machines. Elle varie avec chaque système pour les treuils à manège. Pour les attelages, la perte de temps aux tournants varie aussi beaucoup avec les conducteurs; mais, chose étonnante, j'ai constaté plusieurs fois que la perte de temps est à peine plus considérable pour les labours en planches avec des charrues ordinaires, que pour le travail à plat avec des eharrues tourne-oreilles, surtout lorsqu'il s'agit de chevaux attelés en flèche. Dans les tableaux que je publierai plus loin pour grouper les observations faites, le tant pour cent que j'ai adopté pour les pertes de temps aux tournants est le résultat de moyennes d'observations. J'ai toutefois éliminé les chiffres d'expériences trop avantageux ou trop défavorables, certains conducteurs effectuant très rapidement les tournants, d'autres mettant à ce travail une lenteur exagérée. Pour des longueurs de réage de 200 mètres environ, cette perte de temps est en moyenne de 15 0/0 pour les chevaux, 18 0/0 pour les bœufs, 14 à

15 0/0 pour les appareils à deux machines, 16 à 18 0/0 pour les appareils à une seule machine.

Pour le labourage à vapeur à une seule machine, il semblerait qu'on dût ajouter un certain temps pour le déplacement du câble et des poulies; mais j'ai constaté que dans les ateliers bien conduits, préparant le travail pour une journée, les ouvriers, laboureur et manœuvre, ont terminé ce déplacement avant que la machine soit en pression. Il n'y a donc pas de ce côté perte de temps par rapport aux appareils à deux machines, car jamais les entrepreneurs de labourage à vapeur les plus sévères n'ont pu obtenir que leurs mécaniciens, qui ne sont pas généralement élevés à la campagne, viennent mettre le feu dans leurs machines avant l'arrivée des laboureurs.

Lorsqu'il s'agit de treuils à manège à simple effet, la vitesse de la charrue étant en travail de 0^m08 à 0^m09 à la seconde, au retour à vide de 0^m45, la perte de temps pour les manœuvres et le retour à vide est de 50 à 52 0/0.

Pour les treuils à manège, avec retour à vide par un câble spécial, la perte de temps se réduit à 45 0/0 environ. Pour les deux treuils semblables et les treuils à double effet, elle est de 18 0/0; mais je n'ai pas pu réunir un nombre assez considérable d'expériences, et les chiffres que j'ai recueillis pour les treuils à manège n'ont pas une valeur d'observation aussi bien acquise que les autres. Quel que soit le système employé il est évident que le tant pour cent, diminue avec la longueur des réages.

Afin de pouvoir comparer les travaux exécutés par les différents moteurs, j'ai dressé des tableaux et établi des courbes résumant les résultats d'une série d'expériences. Les tableaux contiennent tous les éléments des calculs : vitesse du moteur, profondeur et largeur du labour, réduction pour les tournants, prix de revient de la journée de travail pour chaque outil, dans le but de donner à la dernière colonne la dépense nécessitée pour le labour ou le défoncement d'un hectare de terrain. Les chiffres contenus dans ces tableaux proviennent de constatations sur huit espèces de moteurs : 1° le cheval ; 2° le bœuf ; 3° appareils de labourage à vapeur à deux machines ; 4° appareils de labourage à vapeur à une seule machine ; 5° défoncement par un treuil à manège à simple effet avec retour à vide de la charrue au moyen d'animaux ; 6° défoncement par un treuil à simple effet avec retour à vide de l'outil à l'aide d'un câble ; 7° défoncement par deux treuils semblables ; 8° défoncement par un treuil à double effet.

Ces chiffres sont le résultat de moyennes d'observations faites dans un grand nombre d'expériences, excepté en ce qui concerne les treuils à manège, dont l'emploi courant ne remonte qu'à deux ou trois ans. Ces résultats peuvent s'écarter de ceux obtenus en employant tel ou tel outil dans des conditions spéciales, car la quantité de travail obtenu varie avec le type et l'état d'entretien de la machine employée, la nature du sol et son état hygrométrique, la qualité des attelages ou la force des moteurs, les conditions dans lesquelles les observations sont faites.

Je n'insisterai pas sur l'influence de ces variations dont tout agriculteur saura tenir compte.

Les courbes du tableau graphique permettent d'embrasser d'un coup d'œil et de comparer les résultats obtenus. Les graphiques sont établis avec les profondeurs pour abcisses et les prix en francs pour ordonnées.

Prix de revient des Travaux

NATURE DU TRAVAIL		Chemin parcouru par seconde	Chemin parcouru en une heure	Profondeur	Large
Déchaumage	au polysoc à 3 corps .	0m90	3.240m	0m12	0m7
	au bisoc à 2 corps....	0 90	3.240	0 12	0 5
	à la charrue	1 »	3.600	0 12	0 3
Labour ordinaire....................		0 80	2.880	0 15	0 2
— —	....	0 75	2.700	0 20	0 2
— —	....	0 70	2.520	0 25	0 2
— —	....	0 60	2.160	0 30	0 3
— —	....	0 55	1.980	0 35	0 3
Défrichement (Travail exécuté par des mulets)		0 50	1.800	0 45	0 2

Prix de revient des Travaux

NATURE DU TRAVAIL		Chemin parcouru par seconde	Chemin parcouru en une heure	Profondeur	Large
Déchaumage	au polysoc à 3 corps..	0m60	2.160m	0m12	0m7
	au bisoc.............	0 65	2.340	0 12	0 5
Labour ordinaire....................		0 60	2.160	0 20	0 2
— —	....	0 55	1.980	0 25	0 2
— —	....	0 52	1.872	0 30	0 3
— —	....	0 50	1.800	0 35	0 3
— —	....	0 45	1.620	0 40	0 3
— —	....	0 43	1.548	0 45	0 3
— —	....	0 43	1.548	0 50	0 2
Défrichement.........................		0 40	1.440	0 50	0 2

exécutés avec les Chevaux

Surface travaillée en une heure	Réduction pour les tournants	Surface travaillée en dix heures	Nombre de chevaux employés	Prix de revient du travail journalier d'un cheval	Nombre de conducteurs	Prix de revient du travail journalier d'un conducteur	Prix de revient de l'hectare
h. a. c.	p. 100	h. a. c.		fr. c.		fr. c.	fr. c.
0 24 30	25	1 82 25	4	5	1	3 00	12 63
0 16 20	20	1 29 60	3	»	»	» »	13 85
0 10 80	15	0 91 80	2	»	»	» »	14 13
0 07 20	15	0 61 20	2	»	»	» »	21 25
0 06 75	15	0 57 25	2	»	»	» »	22 70
0 06 30	16	0 53 00	3	»	»	» »	33 96
0 06 48	18	0 53 20	4	»	2	» »	48 90
0 05 94	20	0 47 52	6	»	2	» »	76 00
0 05 04	25	0 38 10	12	»	3	» »	181 10

exécutés avec les Bœufs

Surface travaillée en une heure	Réduction pour les tournants	Surface travaillée en dix heures	Nombre de bœufs employés	Prix de revient du travail journalier d'un bœuf	Nombre de conducteurs	Prix de revient du travail journalier d'un conducteur	Prix de revient de l'hectare
0 16 20	19	1 32 00	6	2 50	2	2 75	13 45
0 11 70	18	0 96 00	4	» »	2	3 »	16 »
0 06 00	18	0 47 00	4	» »	2	2 50	30 40
0 04 95	18	0 40 59	4	» »	2	» »	36 90
0 05 62	19	0 45 49	6	» »	2	» »	43 90
0 05 40	20	0 43 20	8	» »	3	» »	63 65
0 04 86	20	0 38 90	10	» »	3	» »	96 »
0 04 64	24	0 35 30	16	» »	3	» »	134 »
0 03 87	25	0 29 42	20	» »	4	» »	203 90
0 03 80	30	0 27 00	24	» »	5	» »	268 50

Prix de revient des travaux exécut

NATURE DU TRAVAIL	Chemin parcouru par seconde	Chemin parcouru en une heure	Profon
Travail à la charrue à 4 socs.........	0^m80	2.880^m	0^m2
— — — 3 —	0 75	2.700	0 3
— — — 2 —	0 75	2.700	0 3
— — — 1 —	0 85	3.060	0 4
— — — 1 —	0 80	2.880	0 5
Labour avec charrue à 1 —	0 72	2.592	0 5
Défrichement avec charrue à 1 soc ...	0 65	2.340	0 6
— — — 1 —	0 55	1.980	0 6

Prix de revient des travaux exécut

NATURE DU TRAVAIL	Chemin parcouru par seconde	Chemin parcouru en une heure	Profon
Travail à la charrue à 4 socs.........	0^m80	2.880^m	0^m2
— — — 3 —	0 75	2.700	0 3
— — — 3 —	0 65	2.520	0 3
— — — 1 —	0 70	2.520	0 4
— — — 1 —	0 60	2.160	0 5
Défrichement avec charrue à 1 soc....	0 50	1.800	0 5
— — — 1 —	0 50	1.800	0 6
— — — 1 —	0 45	1.620	0 6

par un appareil à vapeur à deux machines

Largeur	Surface travaillée en une heure	Réduction pour les tournants	Surface travaillée en dix heures	Prix de revient de la journée de l'appareil	Prix de revient de l'hectare
	h. a. c.	p. 100	h. a. c.	fr. c.	fr. c.
1m25	3 45 60	15	2 93 76	106 25	36 17
0 90	2 43 00	»	2 06 55	» »	51 44
0 70	1 89 00	»	2 00 70	» »	66 10
0 40	1 22 40	»	1 04 10	» »	102 »
0 35	1 00 80	»	0 85 68	» »	124 »
0 35	0 90 70	»	0 77 12	» »	138 »
0 32	0 74 80	»	0 63 65	» »	166 90
0 30	0 59 40	20	0 47 60	» »	223 »

avec un appareil à une seule machine

Largeur	Surface travaillée en une heure	Réduction pour les tournants	Surface travaillée en dix heures	Prix de revient de la journée de l'appareil	Prix de revient de l'hectare
1m20	0 34 56	18	2 84 20	70 »	24 60
0 90	0 24 30	»	1 00 00	» »	35 »
0 90	0 22 68	»	0 72 70	» »	40 50
0 40	0 10 08	»	0 82 70	» »	85 »
0 35	0 07 56	»	0 62 00	» »	113 »
0 30	0 05 40	»	0 44 28	» »	158 »
0 25	0 04 50	»	0 36 90	» »	190 »
0 22	0 03 56	20	0 28 50	» »	245 »

Prix de revient des Travaux exécutés par un
à l'aide

NATURE DU TRAVAIL	Chemin parcouru par seconde	Chemin parcouru en une heure	Profondeur
Défoncements avec charrue à 1 soc	0m10	360m	0m50
	0 09	324	0 55
	0 08	288	0 65

Prix de revient des Travaux exécutés par un
à l'aide

NATURE DU TRAVAIL	Chemin parcouru par seconde	Chemin parcouru en une heure	Profondeur
Défoncements avec charrue à 1 soc	0m10	360m	0m50
	0 09	324	0 55
	0 08	288	0 65

Prix de revient des Travaux exé-

NATURE DU TRAVAIL	Chemin parcouru par seconde	Chemin parcouru en une heure	Profondeur
Défoncements avec charrue à 1 soc	0m10	360m	0m50
	0 09	324	0 55
	0 08	288	0 65

Prix de revient des Travaux exé-

NATURE DU TRAVAIL	Chemin parcouru par seconde	Chemin parcouru en une heure	Profondeur
Défoncements avec charrue à 1 soc	0m10	360m	0m50
	0 09	324	0 55
	0 08	288	0 65

Largeur	Surface travaillée en une heure	Réduction pour les tournants	Surface travaillée en dix heures	Prix de revient de la journée de l'appareil	Prix de de revient l'hectare
Treuil à simple effet avec retour à vide de l'outil d'animaux					
	h. a. c.	p. 100	h. a. c.	fr. c.	fr. c.
0m60	0 02 16	50	0 10 80	25 40	233 33
0 50	0 01 62	»	0 08 10	» »	313 60
0 40	0 01 15	»	0 05 75	» »	441 80
Treuil à simple effet avec retour à vide de l'outil d'un câble					
0m60	0 02 16	45	0 11 88	23 »	194 40
0 50	0 01 62	»	0 08 91	» »	261 »
0 40	0 01 15	»	0 06 13	» »	375 20
cutés par deux Treuils semblables					
0m60	0 02 16	15	0 18 36	34 40	181 40
0 50	0 01 62	»	0 13 77	» »	257 10
0 40	0 01 15	»	0 09 78	» »	359 20
cutés par un Treuil à double effet					
0m60	0 02 16	20	0 17 28	27 »	156 30
0 50	0 01 62	»	0 12 96	» »	208 50
0 40	0 01 15		0 09 20	» »	293 40

COURBES

DU

Prix de Revient des Labours

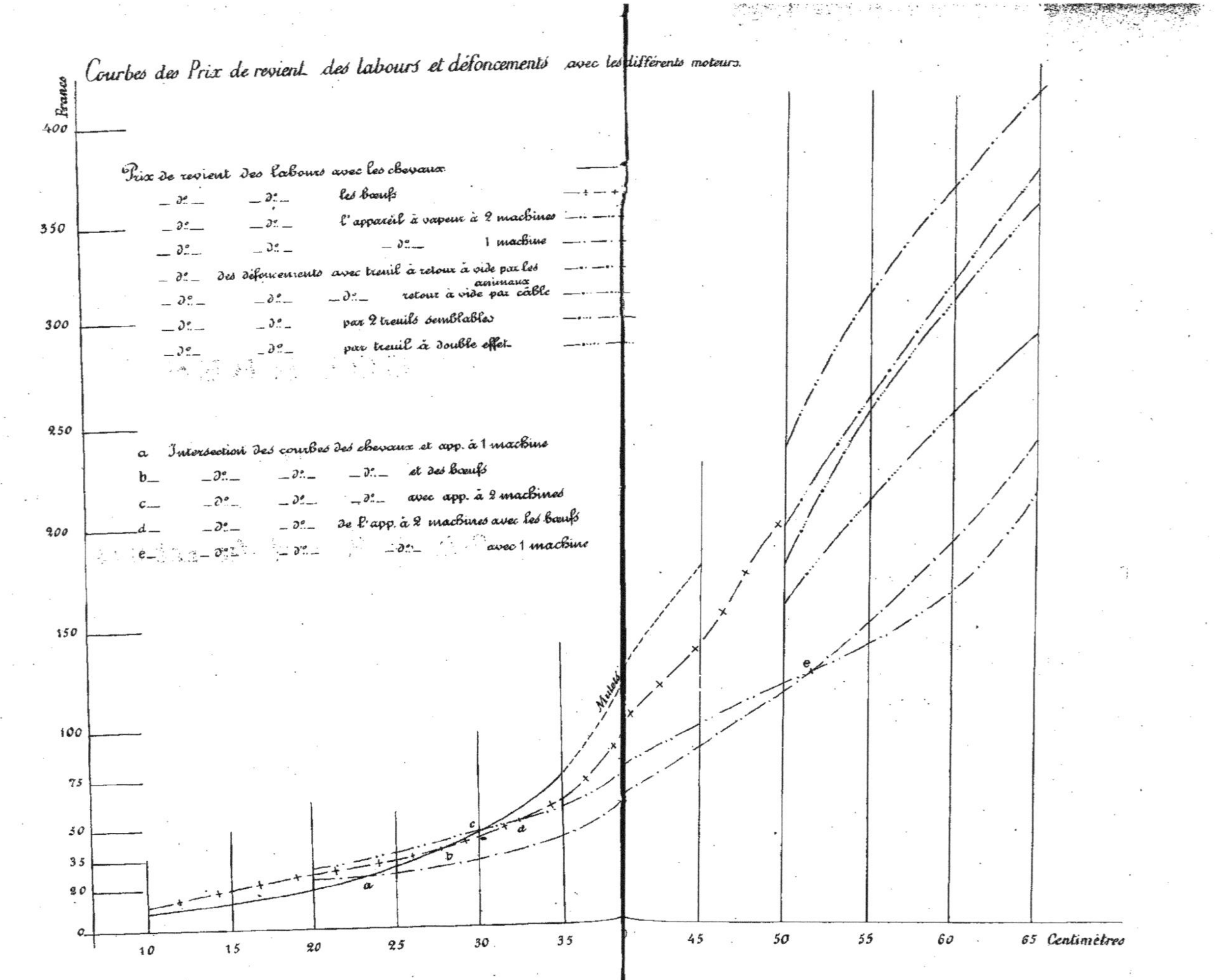

Courbes des Prix de revient des labours et défoncements avec les différents moteurs.
Francs
400
350
300
250
200
150
100
75
50
35
20
0
Prix de revient des labours avec les chevaux
— d° — — d° — les bœufs
— d° — — d° — l'appareil à vapeur à 2 machines
— d° — — d° — — d° — 1 machine
— d° — des défoncements avec treuil à retour à vide par les animaux
— d° — — d° — — d° — retour à vide par câble
— d° — — d° — par 2 treuils semblables
— d° — — d° — par treuil à double effet
a Intersection des courbes des chevaux et app. à 1 machine
b — d° — — d° — — d° — et des bœufs
c — d° — — d° — — d° — avec app. à 2 machines
d — d° — — d° — de l'app. à 2 machines avec les bœufs
e — d° — — d° — — d° — avec 1 machine
Mulets
a
b
c
d
e
10
15
20
25
30
35
45
50
55
60
65
Centimètres

L'aspect des courbes page 176-177 fait embrasser d'un coup d'œil les résultats comparés des prix de revient, et cet aspect frappe de suite et indique sans avoir besoin de consulter les chiffres un peu arides des tableaux, les rapports qui existent entre les travaux exécutés par les moteurs aux différentes profondeurs. Pour les quatre premiers graphiques les intersections donnent immédiatement des indications intéressantes.

On est de suite frappé de voir que la courbe du travail des chevaux s'arrête à la profondeur de 35 centimètres, cela tient à ce que l'on ne peut obtenir en fonctionnement régulier des défoncements continus avec des attelages de chevaux au-delà de cette profondeur. Le cheval est un animal trop impressionnable et trop nerveux, pour pouvoir exécuter comme partie intégrante d'un nombreux attelage un travail exigeant une forte traction, qui ne peut s'obtenir que par l'effort simultané de tous les animaux. Il est déjà difficile de faire tirer six chevaux ensemble ; au-delà le travail n'a plus aucune régularité.

J'ai prolongé toutefois la ligne en pointillé, jusqu'à la profondeur de 45 centimètres, que j'ai vue atteindre par des attelages de 10 à 12 mulets d'Espagne ou de Poitou. Le travail est bien fait et la profondeur à peu près régulière quand le sous-sol est friable ; mais aux tournants et lorsque des obstacles se produisent, l'attelage s'empêtre dans la chaîne de tirage, les traits se cassent, les animaux ruent et se mordent ; c'est un désordre complet. Il ne faut donc employer les mulets et, à plus forte raison, les chevaux que pour défoncer à des profondeurs de 35 à 40c, profondeurs insuffisantes pour la plantation de la vigne dans les sols d'Algérie et de Tunisie, qui ne reçoivent la pluie que pendant une faible partie de l'année et où il faut, par conséquent, emmagasiner une forte couche d'eau pour entretenir la végétation de la plante durant les longues sécheresses de l'été. Si l'on veut employer ces animaux et atteindre la profondeur de $0^{m}45$ à $0^{m}50$, il faut avoir recours aux double-brabants avec corps sous-soleurs que j'ai décrits.

Le graphique indique que le travail de la terre avec les chevaux est plus économique que le travail exécuté avec un appareil à vapeur à une machine jusqu'à une profondeur de $0^{m}24$ centimètres environ. Entre $0^{m}28$ et $0^{m}30$ il devient plus onéreux que le travail des bœufs ; vers $0^{m}32$, il devient plus cher que le travail de l'appareil à vapeur à deux machines.

Le labourage avec les bœufs, constamment plus cher que le labourage exécuté avec un appareil à une seule machine, devient plus onéreux que le travail exécuté avec un appareil à vapeur à deux machines, à partir de 32 centimètres. A 40 centimètres de profondeur, la courbe remonte brusquement indiquant combien il est difficile d'obtenir un travail régulier et profitable d'attelages très longs, fort incommodes à conduire et à faire tourner aux extrémités des champs. Ajoutez à cet inconvénient celui qui résulte, dans les terrains en pente, de la non-horizontalité de la chaîne de tirage, qui tend à suspendre les paires de bœufs du centre, enlevées du sol par les bœufs de tête. Il faut d'ailleurs pour des attelages de 24 bœufs de grands champs et des fourrières énormes. Même dans ces conditions, j'ai constaté que la profondeur normale n'était plus atteinte aux deux extrémités du champ labouré.

On s'étonnera peut être de voir la courbe des prix de revient du labourage à vapeur à deux machines, se maintenir constamment au-dessus des trois autres jusqu'aux profondeurs de 32 centimètres. Ceci provient de ce que je n'ai indiqué dans les tableaux que les vitesses normales d'outils qu'il n'est pas prudent de dépasser. Les prix de revient moins élevés, qui sont revendiqués par certains constructeurs, ne peuvent être réalisés qu'en portant la vitesse de l'outil à 1m10 par seconde, vitesse qui amène des avaries que j'ai signalées précédemment. En outre, l'avantage des prix de revient des labours effectués avec un appareil à une machine provient de la différence de prix d'achat et de la consommation de charbon. Mais lorsqu'on dépasse 0m50 centimètres de profondeur, le labourage à vapeur à deux machines prend le dessus, parce que dans ce dernier système, ainsi que je l'ai déjà indiqué, lorsqu'on a besoin de grands efforts la machine qui ne travaille pas peut s'alimenter en eau, et regagner de la pression pendant que l'autre fonctionne.

Cette supériorité comme prix de revient du travail des appareils à une machine marchant à la vitesse de 0m80 à 0m70 par seconde, ne peut être obtenue que par de très bons ouvriers ; car il y a lieu de reconnaître que la conduite des labourages à vapeur à une machine est bien plus difficile que celle des labourages à vapeur à deux machines, ou plutôt exige une attention constante de la part du mécanicien ; et, pour ces appareils surtout, on peut dire que tant vaut l'homme tant vaut l'outil ; mais le travail devient bien plus facile, lorsqu'on ne fait marcher la charrue, conduite par un appareil mû par une locomobile, qu'à des vitesses ne dépassant pas $0^{m}40$ à $0^{m}50$ par seconde ; le prix de revient augmente il est vrai, mais dans les terrains difficiles les causes d'accidents diminuent, et cet avantage contrebalance les inconvénients du ralentissement de la marche, amoindrit l'intensité des soubressauts, et, par conséquent, rend moins fréquentes les ruptures de câbles.

Les quatre tableaux de prix de revient des treuils à manège montrent bien l'infériorité du système au point de vue de la dépense par hectare, surtout lorsqu'il s'agit d'appareils où les pertes de temps de retour deviennent effrayantes, car il ne faut pas trop se fier aux prix de revient obtenus en comptant sur des vitesses de $0^{m}10$ par 1'', que j'ai rarement vues atteintes en travail normal. Il ressort des chiffres, que c'est le treuil à double effet qui donne les prix les plus bas, et cela se comprend puisqu'il exige un moindre capital que les deux treuils semblables, et demande deux animaux de moins pour la traction. Certaines personnes s'effraient de la difficulté d'empêcher les chariot-ancres de renvoi de riper, quand on travaille à de grandes profondeurs et dans des terrains tenaces ou remplis d'obstacles. Avec de bonnes dispositions et les précautions que j'ai indiquées pour le placement des ancres, ces difficultés disparaissent, et lorsque par hasard un obstacle insurmontable se présente devant la charrue, racines énormes ou rochers, il est heureux que les ancres chassent, car on évite ainsi des ruptures d'engrenages ou de câbles, qui retarderaient ou arrêteraient complètement le travail. Les courbes du prix de revient des treuils à manège remontent brusquement lorsqu'on aborde les profondeurs de 0^{m}65 à 0^{m}70; car la terre s'y trouve presque toujours à l'abri des infiltrations des eaux pluviales, et est excessivement résistante à la pénétration de l'outil.

Quel que soit le mode de défoncement employé, treuils à vapeur ou à traction animale, on ne peut, malgré toutes les précautions, éviter que des accidents ne se produisent, quand on exécute des défrichements dans les terrains vierges. Il se présente donc, dans ces travaux, bien des incidents qui retardent le labour, surtout dans ces contrées qui presque toujours sont éloignées des centres habités; mais les tableaux ne peuvent indiquer que des expériences faites en travail normal. Aussi serait-il imprudent de baser, sans un sérieux examen préalable du terrain, les prix de revient d'un défrichement sur les chiffres indiqués dans les tableaux. L'augmentation peut varier de 30 à 50 0/0 dans les sols vierges, selon la nature des racines des plantes, les obstacles qui se rencontrent dans le terrain à défricher, sa dureté après une sécheresse, ou sa trop grande humidité après des pluies torrentielles comme celles qui tombent en Algérie et en Tunisie à certaines époques de l'année; mais les rapports restent les mêmes entre les chiffres et les dispositions des courbes.

Il faut, toutefois, reconnaître qu'avec les treuils à moteurs animés, la vitesse de l'outil étant très faible, les ruptures de pièces sont moins à craindre et par conséquent, pour ces instruments, les prix donnés aux tableaux, se rapprochent plus des prix de revient obtenus en pratique.

TABLE DES MATIÈRES

CHAPITRE III. — DU PRIX DE REVIENT DES LABOURS

Table Alphabétique des Matières

Table Alphabétique des Figures

Papeterie Pottin — G. Meynieu, imprimeur, rue Boileau, 5, Nantes

APPENDICE

ARAIRE DOMBASLE

construit par la Maison MEIXMORON DE DOMBASLE

Voir page.................... 5 et 37

CHARRUE A ROULETTE AMIOT & BARIAT

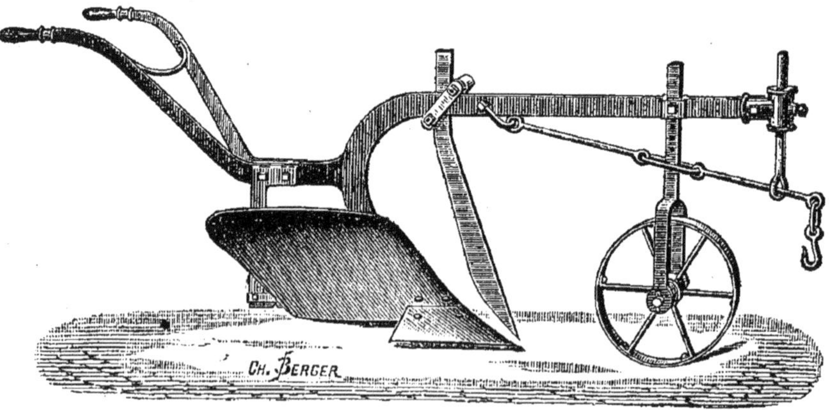

Voir page.................... 38

CHARRUE OLIVER (Maison Pilter)

Voir page.................... 39

CHARRUE A SUPPORTS A ROUES INÉGALES
GARNIER

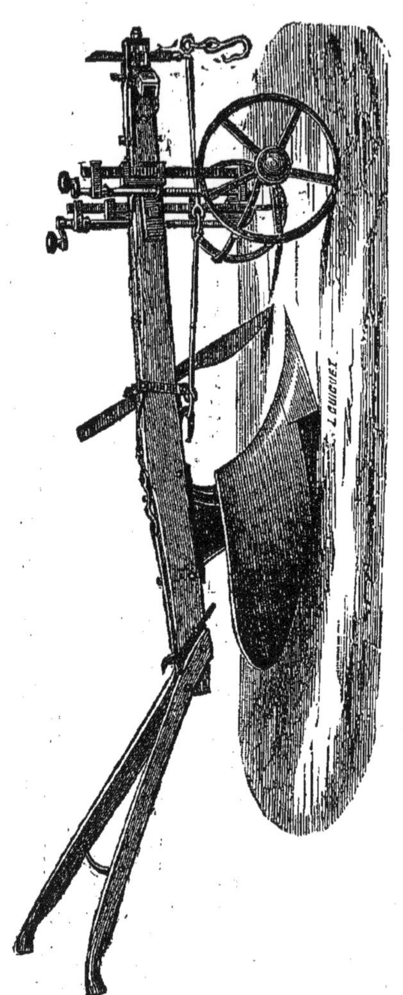

Voir page. 40

CHARRUE A AVANT-TRAIN

(Meixmoron de Dombasle)

Voir page. 43

CHARRUE VIGNERONNE
SOUCHU PINET

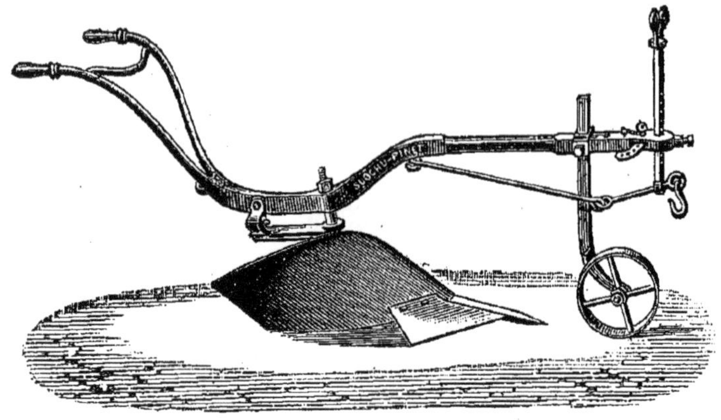

Voir page............... 39

CHARRUE Élie FROGER

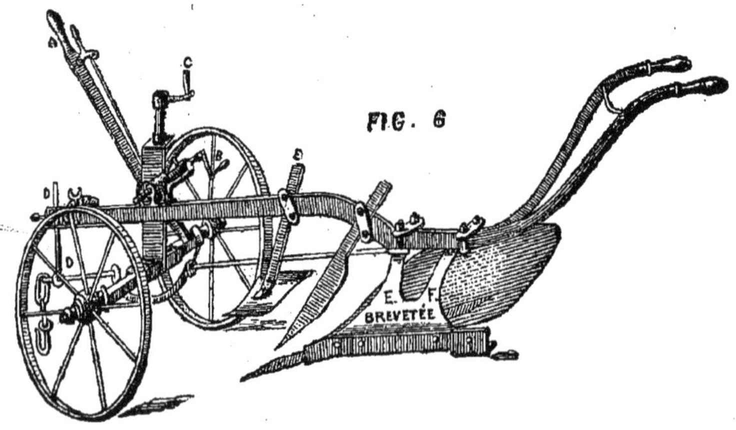

Voir page............. 45

CHARRUE BRABANT SIMPLE BAJAC

Voir page................. 45

CHARRUE « L'AVENIR » (construite par M. Durand)

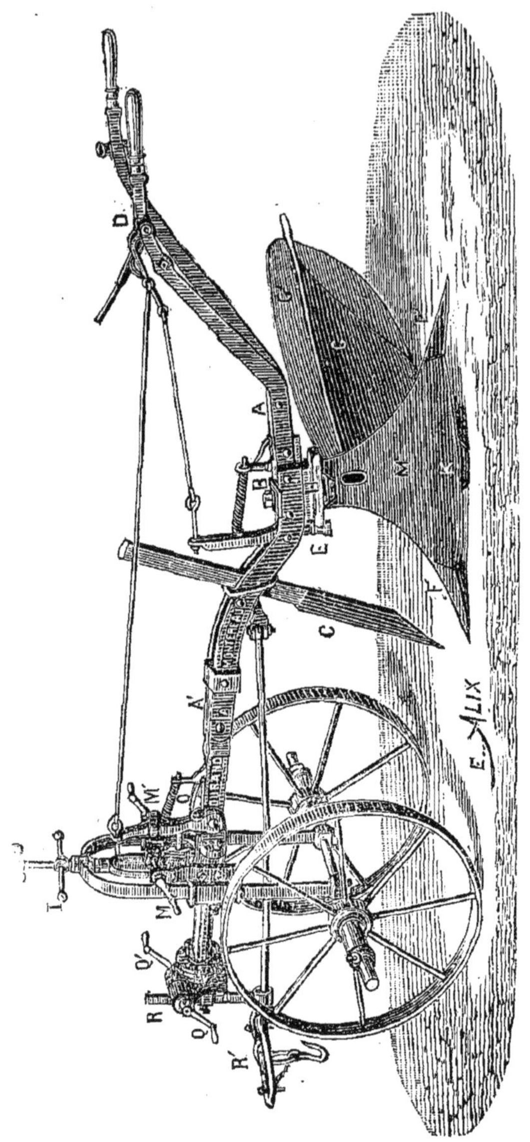

Voir page. 47

CHARRUE BRABANT DOUBLE CANDELIER

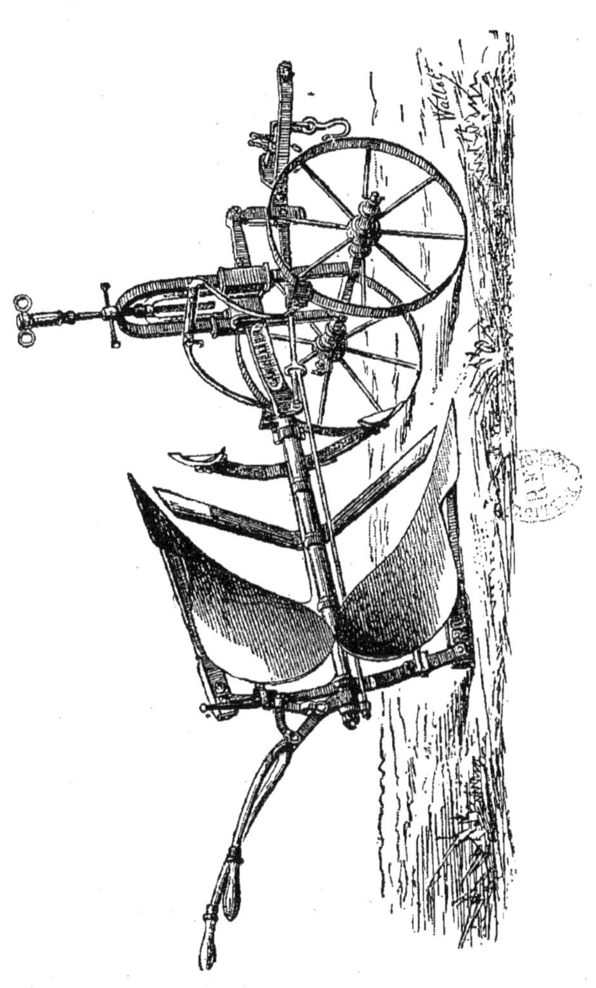

Voir page............. 50

CHARRUE BRABANT DOUBLE FONDEUR

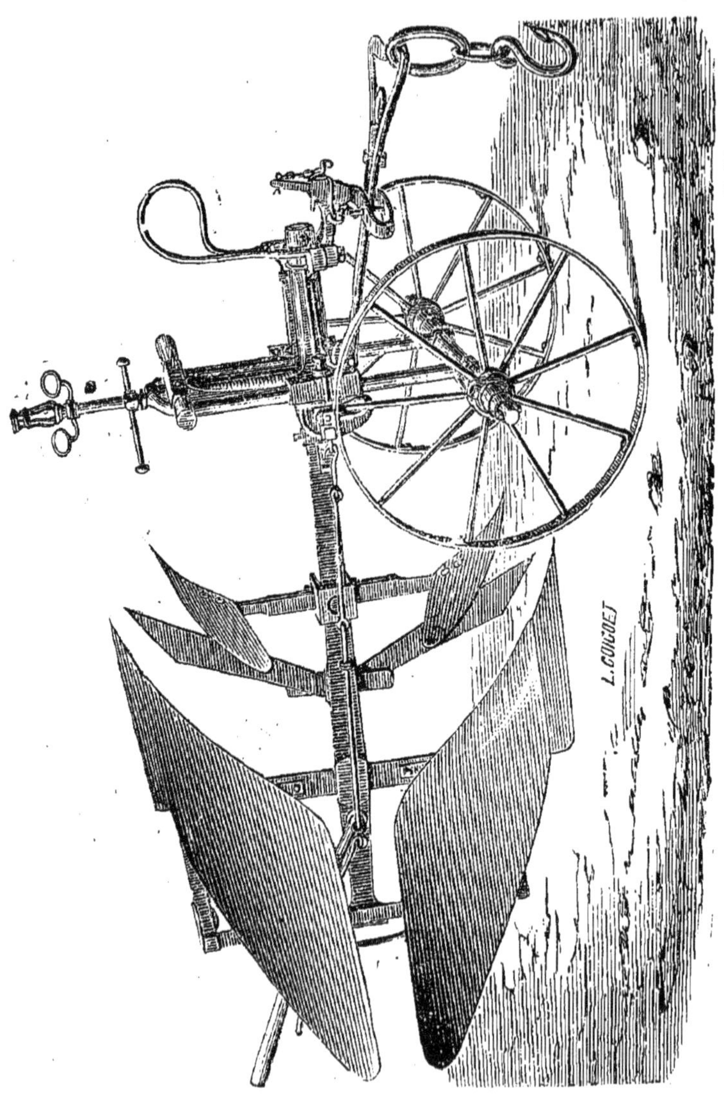

Voir page.................... 54

CHARRUE BRABANT DOUBLE BAJAC

Voir page.................... 55

BISOC MEIXMORON DE DOMBASLE

Voir page................ 63

BISOC BAJAC

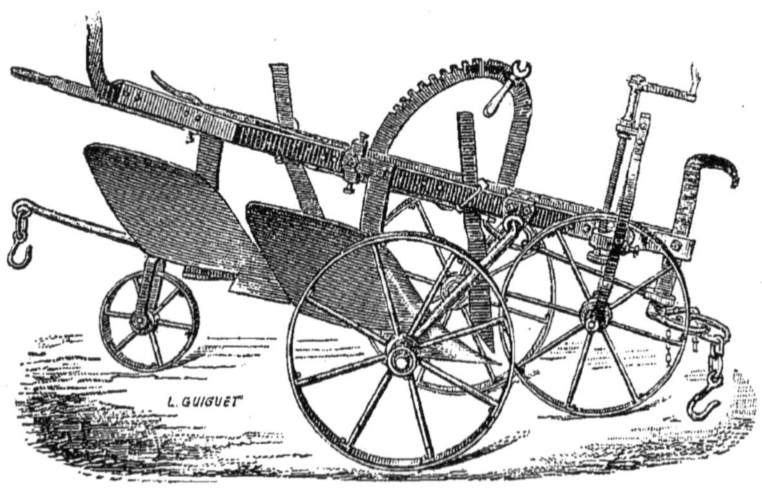

Voir page................ 64

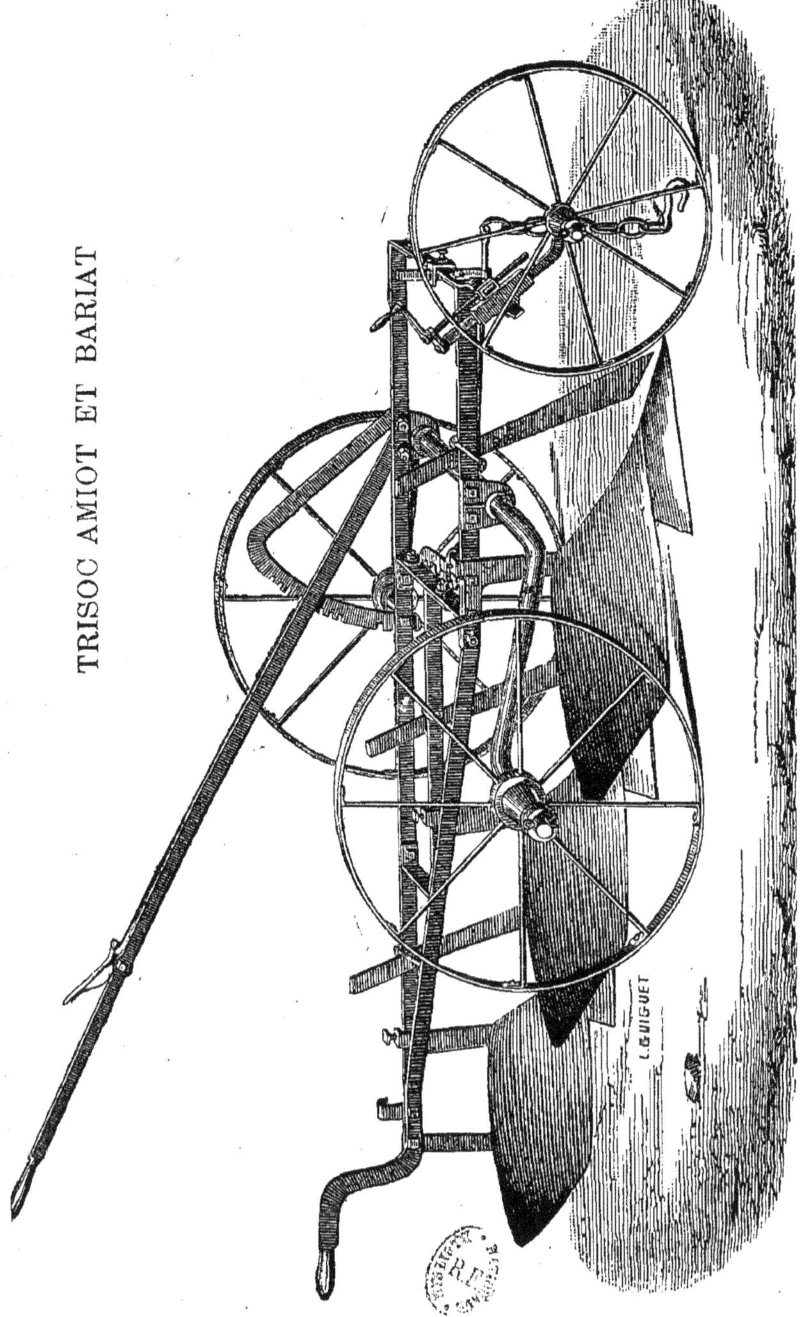

TRISOC AMIOT ET BARIAT

Voir page.................... 65

POLYSOC HOWARD

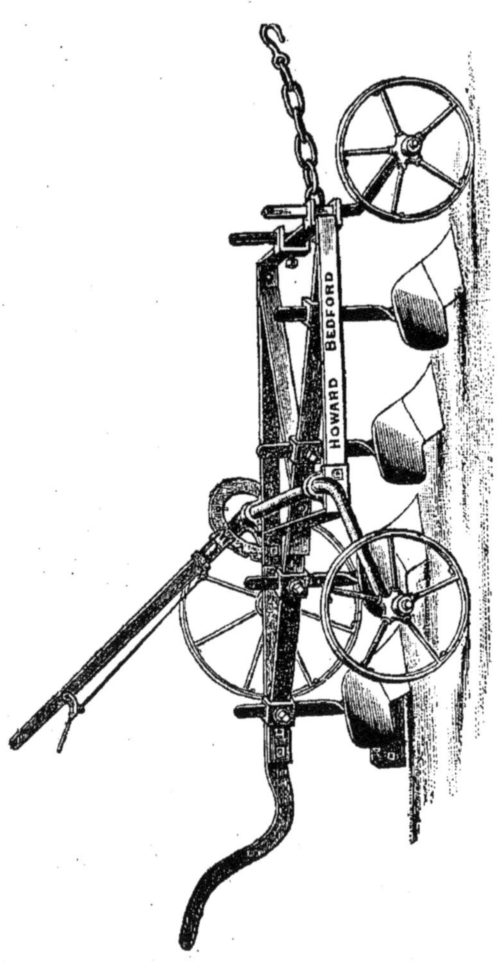

Voir page................ 67

POLYSOC DOUBLE FONDEUR

Voir page. 68

DOUBLE BRABANT A GRIFFES FOUILLEUSES

AMIOT & BARIAT

Voir page................ 70

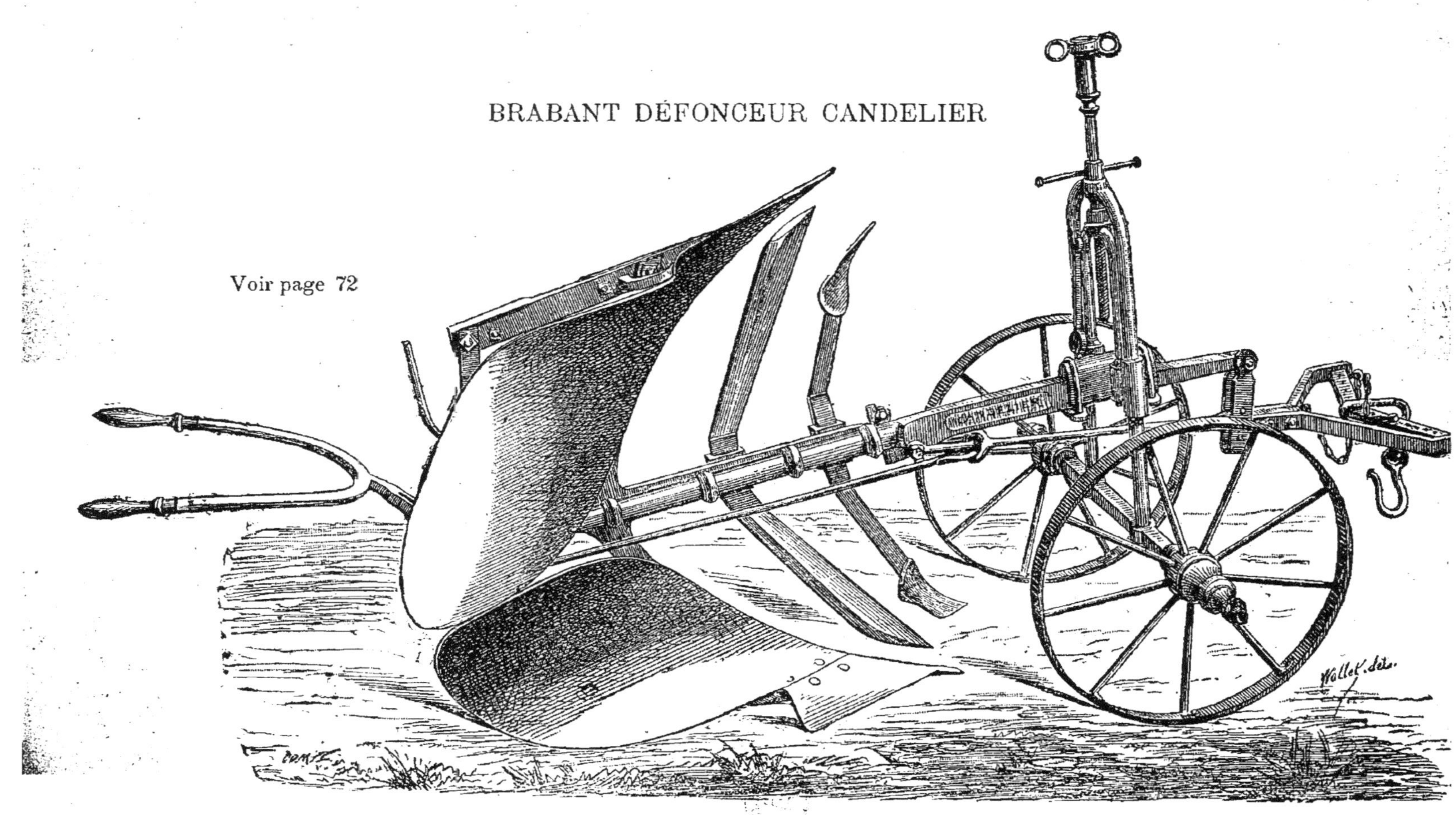

BRABANT DÉFONCEUR CANDELIER

Voir page 72

DEFONÇEUSE DURAND

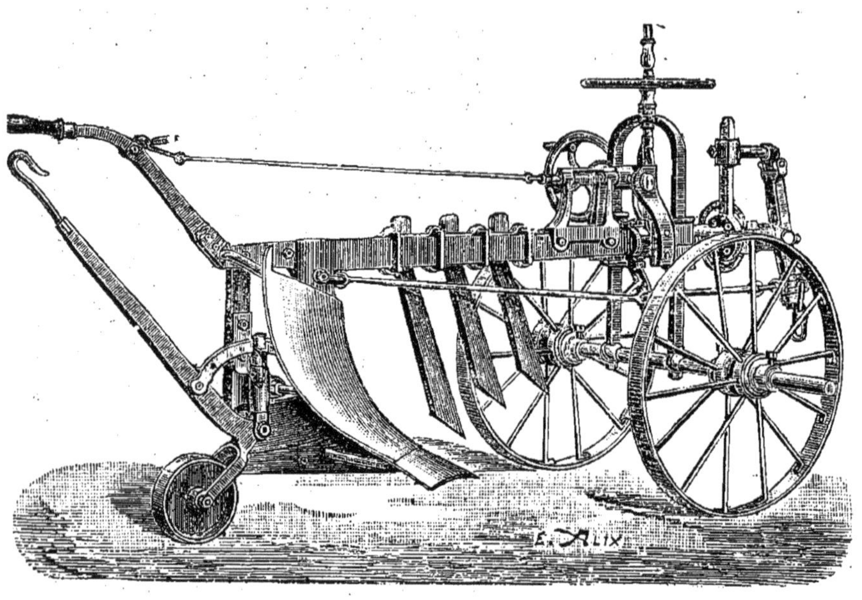

Voir page. 74

CHARRUE A BASCULE A TROIS SOCS

Voir page 81

CHARRUE À BASCULE BAJAC

Voir page.................. 82

GRANDE DÉFONCEUSE A BASCULE construite par la Maison AMIOT & BARIAT

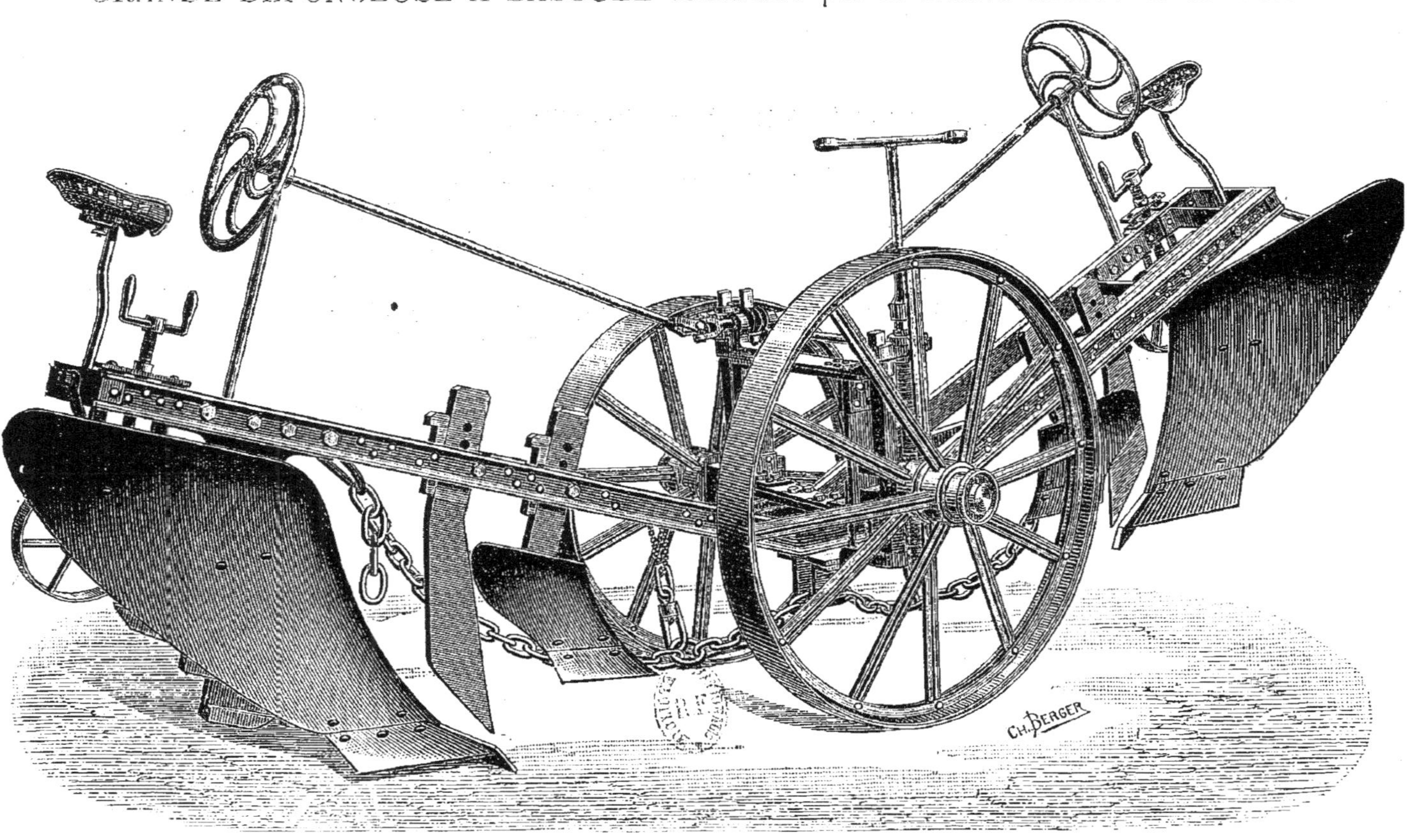

Voir pages........................ 80 et 81

BUTTOIR SOUCHU PINET

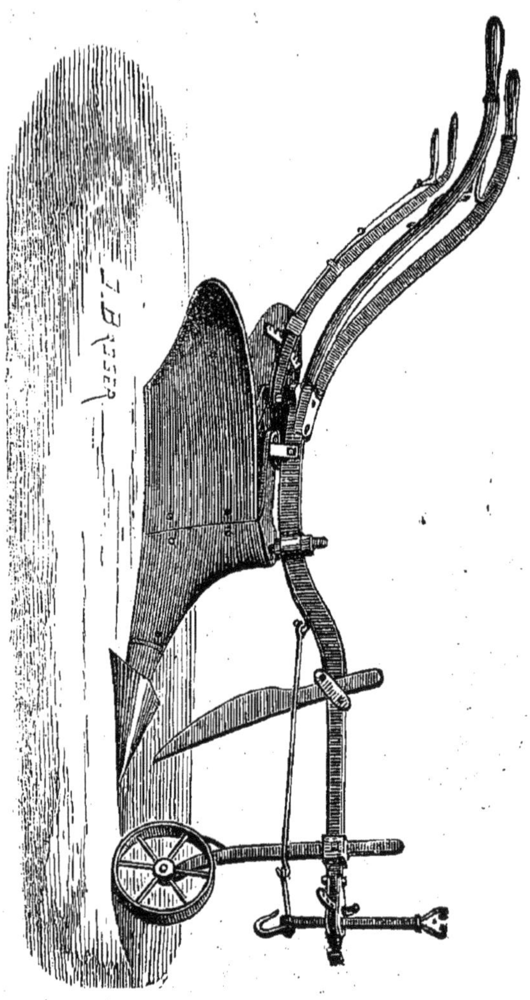

Voir page.................. 28

TREUIL BOULET

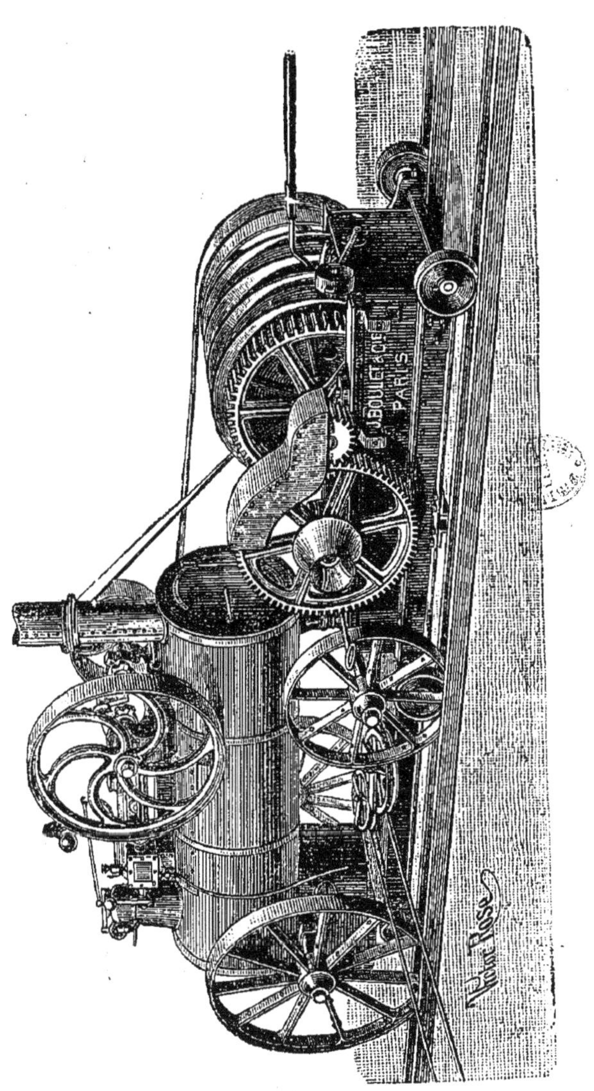

Voir pages. . . . . 128 et 129

ANCRE HOWARD

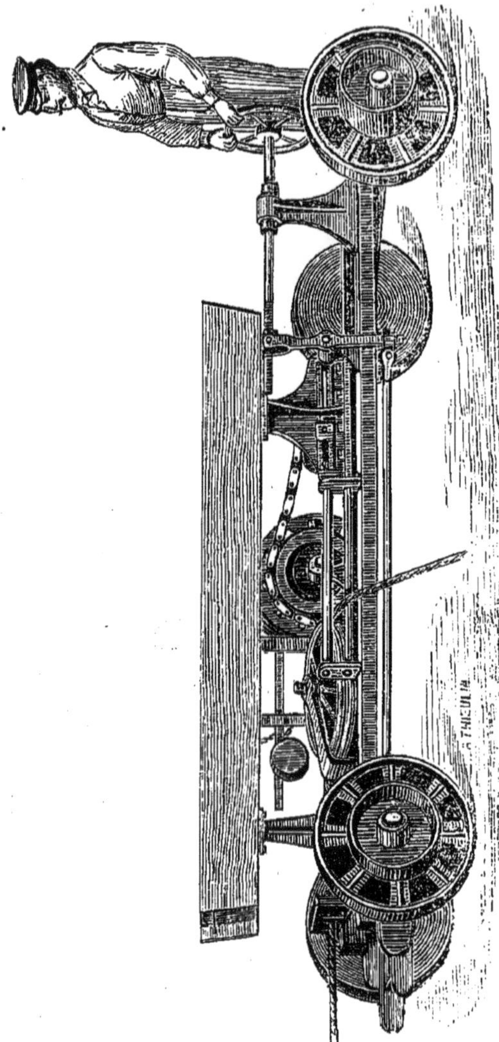

Voir page 132

TREUIL A MANÈGE GUYOT

Voir pages.................. 142 et 143

A LA MÊME SOCIÉTÉ :

Envoi franco par la poste contre un mandat

BOUDAILLE (Dr H.), lauréat de la Société française d'hygiène. — **Catéchisme des premiers soins à donner en cas d'accidents avant l'arrivée du médecin.** Cet ouvrage est publié sous le patronage de la Société de sauvetage. 1 volume in-8 carré, 85 pages, avec 45 figures, cartonné .... **1** fr.

Tel est le titre d'un élégant et précieux petit volume.

L'auteur y a condensé en quelques pages les notions indispensables à toute personne appelée à porter secours. Illustré de nombreuses figures, complété par un tableau des principaux empoisonnements et de leur traitement, nous le considérons comme le guide le plus simple et le plus clair. Son prix modique permet à chacun de le posséder.

DANBIES (A.). — **Lettres et souvenirs de voyage : Algérie et PANAMA.** 1 volume in-8 carré.................. **3** fr.

BLANCHARD (Dr R.), professeur agrégé à la Faculté de médecine de Paris, secrétaire général de la Société zoologique de France. — **Histoire zoologique et médicale des Téniadés** du genre Hymenolepis Weinland. In-8 de 112 pages, orné de nombreuses figures .... **3** fr. **50**

BRUYANT (C.), licencié ès-sciences naturelles. — **Les Fourmis de la France.** In-8 de 60 pages, avec 4 planches hors texte. **3** fr.

Donner une esquisse de la vie si complète de la fourmi, puis un tableau synoptique des espèces indigènes en precisant les particularités propres à chacune d'entre elles, tel a été le but de l'auteur.

Les points suggestifs n'ont point été sacrifiés et chaque naturaliste ou homme du monde s'intéressant aux sciences pourra constater facilement tout ce qui nous est accessible dans ce monde étrange des fourmis.

HEIM (Dr F.), professeur agrégé à la Faculté de médecine de Paris. — **Recherches médicales sur le genre « Paris ».** Étude botanique, chimique, physiologique. 1 volume in-8 raisin, avec 3 planches hors texte.............................. **10** fr.

— **Recherches sur les Diptérocarpacées** (Introduction à la monographie générale de la famille). In-4 de 200 pages, avec 9 planches hors texte....................................... **15** fr.

FAUNE FRANÇAISE

En présence des progrès considérables que les sciences naturelles ont accomplis au cours de ce siècle, la *Société d'Editions scientifiques* a pensé que le moment était venu de faire l'inventaire de nos connaissances sur la faune de la France et de dresser la liste de toutes les espèces animales qui habitent notre pays. Dans ce but, elle entreprend une vaste publication, qui paraîtra sous le nom de *Faune française*.

FINOT (A.). — **Insectes.** Orthoptères, Thysanoures et Orthoptères proprements dit. 1 volume in-8 raisin avec 13 planches en taille-douce .... **15** fr.

— **Les Némertiens,** par le Dr Joubin, professeur à la Faculté des Sciences et Revues. In-8 raisin de .. pages, avec 4 planches en 12 couleurs.. **15** fr.

Les Machines Agricoles sur le Terrain

ERRATUM

Avant-Propos, 15e ligne, lire servent au lieu de servant.

Page 31, fig. 23, Vue de côté, coupe oubliée.

» 31, fig. 24, Détail de l'Étrier, coupe oubliée.

» 45, fig. 29, *p* oublié, L' à supprimer.

» 55, avant-dernière ligne, lire *o* au lieu de O.

» 58, avant-dernière ligne, lire charrue au lieu de charrrue.

» 81, fig. 42, B oublié au-dessus de G.

» 103, fig. 47, côté gauche M oublié.

» 114, ligne 9, lire *r'r'* puis *rr*.

» 116, ligne 3, lire *e d* au lieu de *c d*.

» 118, ligne 8, lire *k* au lieu de *k'*.

» 118, ligne 21, lire (fig. 49) au lieu de (fig. 4).

» 119, lignes 1 et 2, lire longueur portée.

» 128, ligne 11, lire T au lieu de T.

www.ingramcontent.com/pod-product-compliance
Ingram Content Group UK Ltd.
Pitfield, Milton Keynes, MK11 3LW, UK
UKHW020118200726
13856UKWH00002B/614

9 782013 411820